DIE GALERIE
DES UNIVERSUMS

Giles Sparrow

DIE GALERIE DES UNIVERSUMS

Atemberaubende Bilder aus dem All

KOSMOS

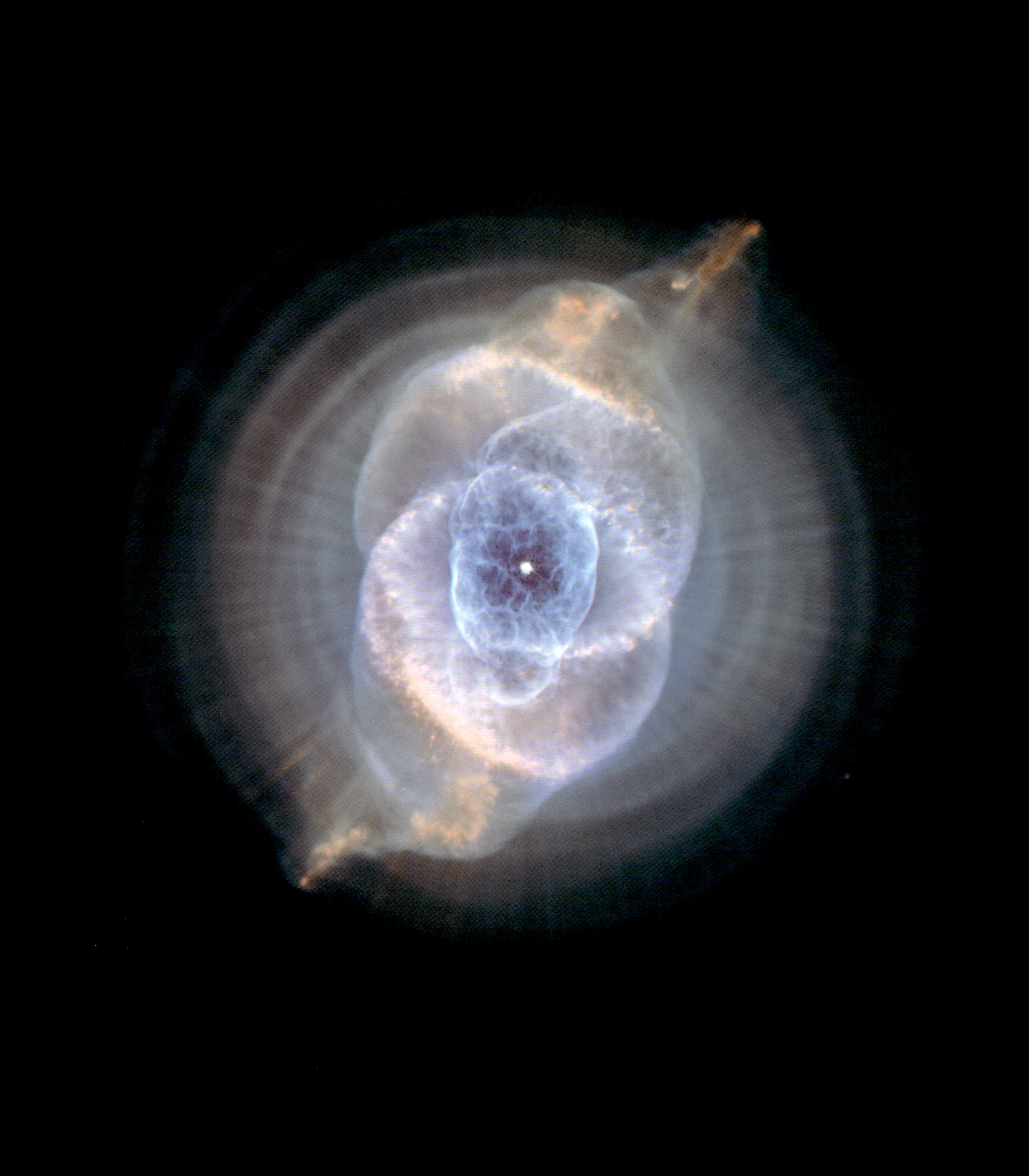

INHALT

BILDER DER UNENDLICHKEIT 6

1 NAH UND FERN 12

2 ORDNUNG UND CHAOS 48

3 LICHT UND SCHATTEN 82

4 SICHTBAR UND UNSICHTBAR 114

5 FEUER UND EIS 150

6 ANFANG UND ENDE 182

GLOSSAR UND REGISTER 216

BILDER DER UNENDLICHKEIT

Schon früh scheinen die ersten Himmelsbeobachter das Bedürfnis gehabt zu haben, ihre Beobachtungen des Nachthimmels aufzuzeichnen. Kunst und Astronomie sind daher seit vielen Jahrtausenden eng miteinander verwoben, sie tauchen bereits gemeinsam in der Frühgeschichte der Menschheit auf. So geben einige Punkte in den Darstellungen eiszeitlicher Tiere in der berühmten Höhle von Lascaux Sternmuster wieder, die wir noch heute am Himmel finden können. Und in der irischen Grafschaft Meath leuchtet der aufgehende Mond zu bestimmten Zeiten durch den langen Grabgang von Knowth wahrscheinlich auf eine alte Darstellung seiner selbst – die älteste bekannte Mondkarte, die vor rund 5000 Jahren auf einen Megalith geritzt wurde, der heute die Bezeichnung Orthostat 47 trägt.

Zu Beginn der Geschichtsschreibung trifft man auf mehr oder weniger präzise, für praktische Zwecke erstellte Himmelskarten bis hin zu ausgeschmückteren Darstellungen des Tierkreises (der im alten Mesopotamien und Ägypten entwickelt wurde) oder der Planetengötter der klassischen Antike. Gegen Ende des ersten Jahrtausends unserer Zeitrechnung trieben arabische Astronomen die Präzision ihrer handgemalten Sternkarten zu neuer Blüte, während mittelalterliche Gelehrte Europas auf dieser Basis wunderbare Himmelsgloben und Himmelsansichten fertigten. Die heute noch bekannten Sternbilder haben ihren Ursprung aus jener Zeit.

Die Erfindung des Fernrohrs veränderte unsere Perspektive auf die Welt, in der wir leben, und so wurde aus der gewaltigen Leinwand, auf die unsere Vorfahren ihre „himmlischen“ Vorstellungen projiziert hatten, ein noch größerer Setzkasten für ungezählte kosmische Wunderdinge, die nun alle einzeln und zunehmend detaillierter untersucht werden konnten. Doch auch Galilei hielt das, was er durchs Fernrohr sah – die Monde des Jupiter, die Berge des Mondes und die Phasen der Venus – mit Feder und Tusche fest, sodass es in gedruckter Form vielen Zeitgenossen zugänglich gemacht werden konnte.

Für die nächsten drei Jahrhunderte gehörten Stift und Zeichenblock nach dem Teleskop zu den wichtigsten Utensilien der Astronomen. Die astronomische Zeichentechnik entwickelte rasch ihre eigene „Sprache“: Da die beobachteten Himmelsobjekte ziemlich schnell aus dem Gesichtsfeld drifteten, weil sich die Erde unter dem Himmel dreht, erschien es sinnvoll, Sterne als schwarze Punkte und schimmernde Nebelflecken als graue Schatten zu skizzieren. Uns erscheinen solche Darstellungen heute wie fotografische Negative. Erfahrene Graveure konnten daraus jedoch Druckvorlagen erstellen, die dem realen Anblick des Himmels schon näher kamen. Ohne solche Hilfsmittel hätten die Astronomen einander kaum beschreiben können, was sie beobachtet hatten.

Größere und bessere Teleskope brachten zunehmend neue Himmelsobjekte zum Vorschein. Mit ihren größeren Linsen und Spiegeln konnten sie wesentlich mehr Lichtstrahlen einfangen und bündeln als das menschliche Auge, und zugleich stieg das Auflösungsvermögen – der „Scharfblick“ – deutlich an. Seit dem Altertum kannte man eine Handvoll Nebel und dichter Sternhaufen, doch im 18. Jahrhundert nahm deren Zahl rasch zu.

1771 unternahm der französische Astronom Charles Messier den ersten Versuch, solche Objekte in einer Liste zusammenzutragen. Damit wollte er verhindern, bei seiner Suche nach neuen Kometen immer wieder von anderen, ähnlich aussehenden Objekten genarrt zu werden. Anhand dieser Liste wurde aber auch deutlich, dass es verschiedene Arten von nebelhaften Objekten geben musste: Einige ließen sich bei starker Vergrößerung in einzelne Sterne auflösen, andere nicht – vielleicht, weil es tatsächlich leuchtende Gaswolken waren oder aber, weil die Sterne dort zu dicht beisammen standen oder zu weit entfernt waren.

Die astronomische Zeichenkunst erreichte Mitte des 19. Jahrhunderts ihren Gipfelpunkt, vornehmlich dank der Leistung eines einzelnen Mannes, William Parsons, der dritte Earl of

Rosse, nutzte als irischer Adliger das Vermögen seiner Familie, um auf dem Gelände von Birr Castle in der irischen Grafschaft Offaly das seinerzeit größte Teleskop zu errichten. Dieser „Leviathan von Parsonstown“, wie es genannt wurde, konnte 1845 in Dienst gestellt werden und hatte einen Spiegeldurchmesser von 183 Zentimetern. Erst 1917 kam am kalifornischen Mount-Wilson-Observatorium mit dem 2,5-Meter-Hooker-Spiegel ein größeres Teleskop zum Einsatz. Parsons nahm sich die Nebel des Messier-Katalogs und andere Himmelsobjekte vor und erstellte äußerst detailreiche Zeichnungen, die neue Erkenntnisse über deren Aufbau und wahre Natur ermöglichten. 1850 stellte er seine Ergebnisse der Royal Society in London vor. So hatte er in mehreren Nebeln Spiralstrukturen gefunden und andere zum ersten Mal in einzelne Sterne aufgelöst. Nach seinem Tod nutzte der dänisch-irische Astronom Johan Ludvig Emil Dreyer den Leviathan von 1874 bis 1878 zur Erstellung seines „New General Catalogue of Nebulae and Star Clusters“. Seine NGC-Nummern bezeichnen bis heute die meisten helleren nichtstellaren Objekte am Himmel.

Noch ehe Lord Rosse seine Entdeckungen veröffentlichen konnte, wurde in Frankreich eine neue Entwicklung vorgestellt, die die astronomische Wissenschaft schon bald revolutionieren sollte. 1839 gab Louis Daguerre Einzelheiten seiner abbildenden Lichtspeichertechnik bekannt, mit deren Hilfe er bereits eine erste, noch verschwommene und reichlich dunkle Fotografie des Mondes erstellt hatte. Ein Jahr später wiederholte der amerikanische Chemiker und Arzt John William Draper das Experiment mit deutlich besserem Resultat, wiewohl er den Mond etwa 20 Minuten lang belichten musste. Die fotografische Technik entwickelte sich rasant, und schon 1863 konnten William Allen Miller und William Huggins mit ihrer Hilfe Sternspektren fotografieren und untersuchen; damit schufen sie die Grundlage für eine chemische Analyse der Sterne (siehe Seite 94). 1883 gelang dem britischen Amateurastronomen Andrew Ainslie Common eine weitere Pioniertat, indem er auf lang belichteten Aufnahmen des berühmten Orion-Nebels (siehe Seite 96) zuvor unentdeckt gebliebene Sterne nachweisen konnte.

Heutzutage ist die Fotografie das Medium der Wahl zur Erforschung des Kosmos. Die immer größeren Teleskope und immer empfindlicheren Speichermedien (inzwischen elektronische CCDs statt des herkömmlichen Filmmaterials) haben immer neue, unerwartete Einzelheiten im Weltall zutage gefördert, von den turbulenten Wolkenwirbeln der Jupiteratmosphäre bis zu den fernsten Galaxien, deren Licht viele Milliarden Jahre bis zu uns unterwegs war. Raumsonden haben Nahaufnahmen aus dem gesamten Sonnensystem zur Erde gefunkt, die uns die tiefschwarzen Schatten der polnahen Mondkrater ebenso nahebringen wie die vielfältigen Licht- und Schattenphänomene der Saturnringe. Und Bilder der Erde, die als weißblaue Murmel durch den dunklen Weltraum treibt, haben uns die Verletzlichkeit unseres Lebensraums vor Augen geführt.

Jenseits des sichtbaren Lichts können Observatorien in der Umlaufbahn inzwischen auch andere Bereiche des elektromagnetischen Spektrums registrieren, von der energiereichen Gamma- und Röntgenstrahlung über die Ultraviolettstrahlung bis zur energieärmeren Infrarotstrahlung, die auf den letzten Kilometern von der Erdatmosphäre verschluckt werden. Und riesige Radioteleskope am Erdboden können die langwellige Radiostrahlung empfangen, für die uns die biologische Evolution unempfindlich gelassen hat.

Zugleich erkunden Raumsonden die Körper im Sonnensystem mit Techniken, die sich unsere Vorfahren noch nicht einmal erträumen konnten: Radarsysteme erfassen die Topografie fremder Landschaften, Spektrometer analysieren die chemische und mineralogische Zusammensetzung des Gesteins, und Magnetometer enthüllen die unsichtbaren Kraftfelder in ihrer Umgebung.

Dieses Buch ist in vielerlei Hinsicht ein Lobgesang auf diese erstaunlichen technologischen Fortschritte, die unser Bild vom Universum entscheidend verändert haben. Und doch sollten wir nicht vergessen, dass die Bilder in diesem Buch genauso das Ergebnis menschlicher Fertigkeiten sind wie die Höhlenzeichnungen von Lascaux oder die Nebelskizzen von Lord Rosse. Das gilt nicht nur für die kunstvolle Weiterentwicklung der verschiedenen technischen Gerätschaften, sondern auch für die jeweilige Form der Darstellung, die in vielen Fällen frei wählbar ist. Zahlreiche der hier präsentierten Bilder nutzen die Technik der Falschfarben oder der Kontraststeigerung, um einzelne Wellenlängenbereiche oder besondere Strukturen hervorzuheben oder völlig unsichtbare Welten jenseits unseres begrenzten Sehvermögens zu eröffnen. Andere nutzen ungewohnte Kartenprojektionen, um uns die Geografie und Topografie ferner Welten vor Augen zu führen. Oder sie präsentieren Oberflächenreliefs oder einzelne Gesteinsarten durch optische Marker wie unterschiedliche Farben und Farbtöne.

All dies führt zu einer aufregenden Vielfalt astronomischer Bilderkunst, die nicht selten klassische und moderne Kunstformen spiegelt oder zumindest nachempfindet. Das Licht, das in vielen dieser Bilder „festgehalten" und dokumentiert wurde, war zum Teil viele Tausend, Millionen oder gar Milliarden Jahre unterwegs, ehe es von unseren astronomischen Gerätschaften aufgefangen wurde. Andere Bilder sind die Ernte unbemannter Raumsonden, die nach langen Jahren der Planung und Konstruktion schließlich auf den Weg gebracht wurden und deren Signale aus den Tiefen des Sonnensystems kaum nachweisbar bei uns eintreffen und nur mit den größten Parabolantennen aufgefangen werden können. Wie wir diese Informationen aufbereiten und weiter verarbeiten, die Zahlenkolonnen in Bilder umwandeln und zu visuellen Eindrücken verdichten, ist allein menschliches – und damit zugleich auch künstlerisches Handeln.

NAH UND FERN 1

FINSTERE SONNE

Das beeindruckende Schauspiel einer totalen Sonnenfinsternis hat bei unseren Vorfahren Angst und Schrecken ausgelöst, und auch heutige Beobachter versetzt es noch in ehrfürchtiges Staunen. Wenn die dunkle Silhouette des Mondes sich langsam vor die gleißend helle Sonne schiebt und den vermeintlich so unbegrenzt fließenden, Leben spendenden Licht- und Wärmestrom abschnürt, kann man verstehen, dass die alten Chinesen vor Tausenden von Jahren glaubten, ein Furcht erregender Himmelshund fresse die Sonne auf oder aber eine Schlange, die sich entlang der Sonnenbahn auf die Lauer gelegt habe. Selbst die rituellen Menschenopfer der Azteken zur Beruhigung des Sonnengottes erscheinen dann in einem anderen Licht.

Die totale Finsternis ist jedoch nur von kurzer Dauer – und dabei bilden die Dunkelheit um die verfinsterte Sonne und der helle Horizont einen unwirklichen Kontrast. Die Bedeckung der Sonne durch den Mond ist so knapp bemessen, dass der Kernschatten des Mondes, der allein den Anblick der totalen Phase ermöglicht, bestenfalls ein paar Hundert Kilometer breit ist. Durch die Drehung der Erde und die Bewegung des Mondes um unseren Planeten herum wird dieser Schattenfleck zwar zu einem langen Totalitätsstreifen gedehnt, doch bleibt die Sonne nirgendwo und niemals länger als rund 7,5 Minuten verdeckt.

Schon vor Jahrtausenden kannte man Regeln, die den Kundigen eine Vorhersage von Finsternissen ermöglichten. So konnte der griechische Astronom Thales von Milet der Überlieferung nach das Heer des Lyderkönigs Alyattes II. über eine bevorstehende Sonnenfinsternis informieren, während die Soldaten des Mederkönigs Kyaxares II. von dem Ereignis so erschreckt wurden, dass sie sich geschlagen gaben. Heute reisen viele enthusiastische Finsternisjäger nahezu jedem Ereignis dieser Art hinterher, um die Momente unwirklicher Lichtverhältnisse mit immer raffinierteren fotografischen Mitteln festzuhalten oder einfach nur zu genießen.

OBJEKT:	**Sonne**
MITTL. ENTFERNUNG:	**149,6 Millionen Kilometer**
DURCHMESSER:	**1,392 Millionen Kilometer**
AUFNAHME:	**Amateur-Instrumente**

BUNTER MERKUR

Die kraterbedeckte Oberfläche des sonnennächsten Planeten Merkur erscheint auf diesem Fotomosaik der Raumsonde MESSENGER unerwartet farbig. Das Bild zeigt einen äquatornahen Streifen, der mit elf engen Spektralfiltern erfasst wurde. Aus der kontrastverstärkten Überlagerung der einzelnen Filteraufnahmen entstand diese farbenfrohe Ansicht der glutwarmen Oberfläche.

Obwohl sich Merkur in rund 59 Tagen einmal um seine Achse dreht, führt seine Umlaufbewegung um die Sonne innerhalb von 88 Tagen dazu, dass ein Tag auf Merkur zwei Merkurjahre (176 irdische Tage) dauert. Dadurch und aufgrund der geringen Sonnenentfernung ist die Oberfläche einer extremen Einstrahlung ausgesetzt, die die Temperatur bis auf 430 Grad Celsius steigen lässt, in der langen Merkurnacht kühlt die Oberfläche dagegen bis auf –170 Grad Celsius ab. Die intensive Sonneneinstrahlung und die elektrisch geladenen Teilchen des Sonnenwindes treffen ungehindert auf seine Oberfläche und können Atome aus dem Material herausschlagen. So entsteht eine dünne „Atmosphäre" aus Sauerstoff, Natrium und Wasserstoff. Gleichzeitig wird dadurch die chemische Zusammensetzung der obersten Merkurschicht verändert, was möglicherweise mit verantwortlich für die unterschiedlichen Farbnuancen der Oberfläche ist; andere lassen sich klar auf geologische Prozesse oder kosmische Einschläge zurückführen.

OBJEKT:	**Merkur**
MIN. ENTFERNUNG:	**77,3 Millionen Kilometer**
DURCHMESSER:	**4879 Kilometer**
AUFNAHME:	**Raumsonde MESSENGER, Mercury Dual Imaging System**

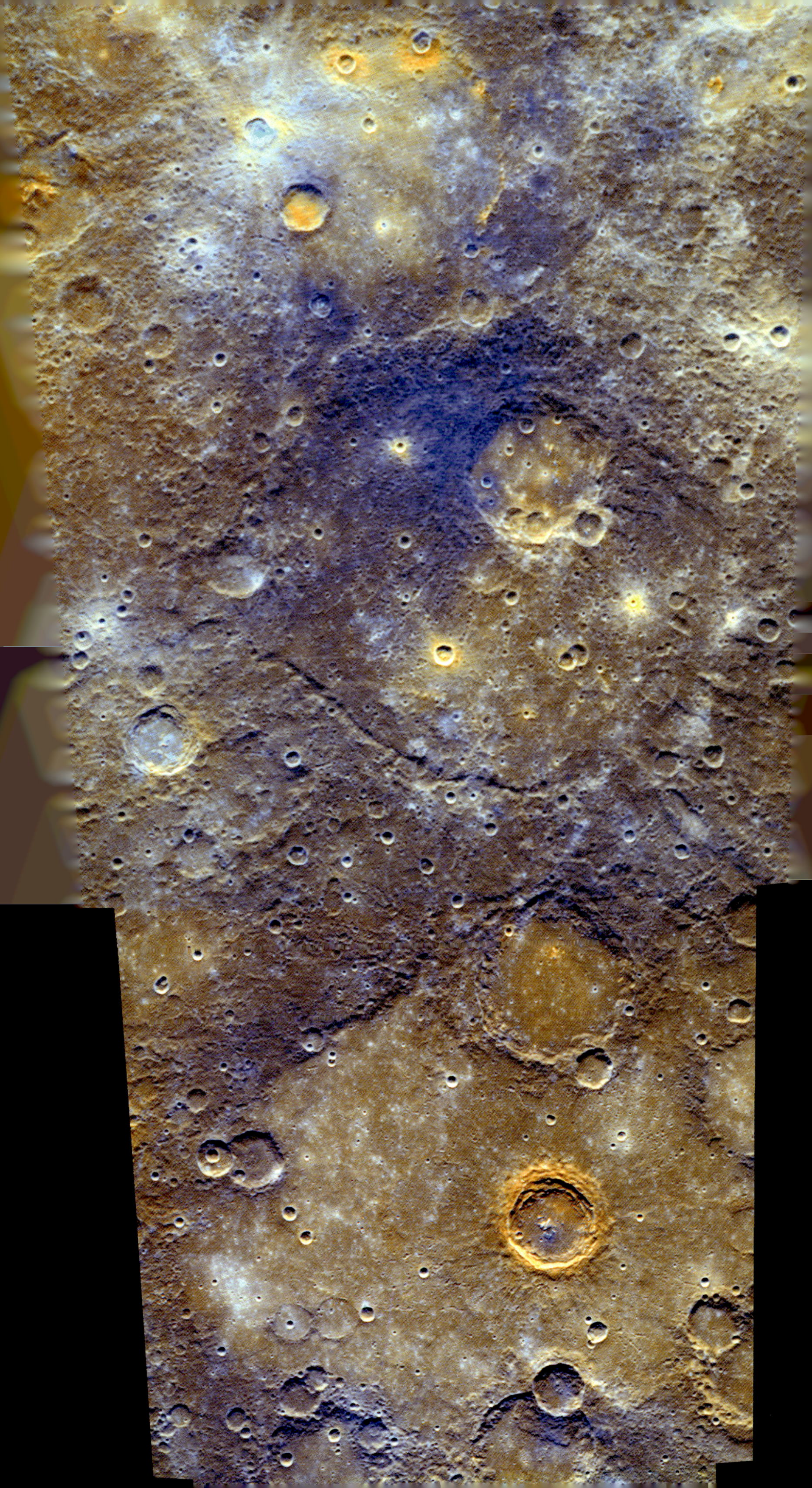

LEUCHTENDE PRACHT

Dieser funkelnde, Offene Sternhaufen schwebt wie ein himmlisches Schmuckstück in einem geheimnisvollen „Kästchen“ aus Gas- und Staubwolken in der Kleinen Magellanschen Wolke, einer rund 200.000 Lichtjahre entfernten Satellitengalaxie der Milchstraße. Die energiereiche Strahlung und der intensive Sternwind der jungen Sterne haben die umgebende Gas- und Staubwolke, aus der die Sterne entstanden sind, bereits kräftig ausgehöhlt. So sind riesige Schalen von mehreren Dutzend Lichtjahren Durchmesser geformt worden, die nun zusammen den Nebel N 90 bilden. Die dichtesten Wolkengebiete – dort, wo vermutlich die Sternentstehung noch andauert – widersetzen sich dieser schleichenden Auflösung und formen dunkle Säulen und Tentakeln, die wie Stalagmiten und Stalaktiten in die Höhle hineinragen. Zugleich bombardiert die energiereiche UV-Strahlung der Zentralsterne den inneren Rand der Höhle und sorgt so für ein blasses Leuchten des angeregten Gases.

Diese atemberaubende Aufnahme des HUBBLE-Weltraumteleskops führt uns die Dreidimensionalität des Universums deutlich vor Augen. Wir erkennen nicht nur die Struktur des den Sternhaufen umgebenden Nebels, sondern sehen an manchen Stellen auch das durchscheinende Licht viel weiter entfernter Objekte – Galaxien, die viele Zehn- oder gar Hundertmillionen Lichtjahre hinter diesem vergleichsweise nahen kosmischen Nachbarn liegen.

OBJEKT:	**NGC 602, N 90**
ENTFERNUNG:	**196.000 Lichtjahre**
REKTASZENSION:	**$01^h\ 29^m\ 31^s$**
DEKLINATION:	**−73° 33′ 15″**
AUFNAHME:	**HUBBLE-Weltraumteleskop, Advanced Camera for Surveys**

RINGNEBEL

Der bekannte Ringnebel (M 57) im Sternbild Leier erscheint auf diesem detailreichen Bild des HUBBLE-Weltraumteleskops wie ein blauer Pool, der von einem grüngelben und roten Ufer gesäumt wird. Das Foto, das aus drei Einzelaufnahmen in engen Filterbereichen zusammengefügt wurde, gibt den visuellen Eindruck wieder, den unsere Augen liefern könnten, wenn sie dafür empfindlich genug wären. Das blaue Leuchten des Pools, das den Zentralstern umgibt, stammt von extrem heißen Heliumatomen, während das grüne Licht im Wechselspiel der energiereichen Strahlung des Zentralsterns mit Sauerstoffatomen entsteht. Der äußere rote Farbsaum schließlich zeigt die Präsenz von Stickstoffatomen in den Randbereichen des sichtbaren Nebels an, während Infrarotaufnahmen auch weiter draußen noch leuchtende Strukturen sichtbar machen.

Der Ringnebel ist der Prototyp der sogenannten Planetarischen Nebel. Die Bezeichnung stammt aus dem 18. Jahrhundert, als mit zunehmend größeren Teleskopen die ersten Objekte dieser Art entdeckt wurden und eine verblüffende Ähnlichkeit mit dem damals ebenfalls neu entdeckten Planeten Uranus zeigten. Heute wissen wir längst, dass sie den Todeskampf aufgeblähter roter Riesensterne anzeigen, dem vorletzten Entwicklungsstadium aller sonnenähnlichen Sterne. Wenn ein Roter Riese seine innere Stabilität verliert, vollführt er eine Reihe intensiver Expansionen und anschließender Kontraktionen, wodurch seine äußere Hülle schließlich an den umgebenden Weltraum abgeblasen und der innere Sternkern freigelegt wird. Obwohl der Ringnebel rund oder oval erscheint, handelt es sich in Wirklichkeit um eine bipolare Struktur – mit einem sanduhrähnlichen Querschnitt. Allerdings blicken wir ziemlich genau von oben auf die mehr als ein Lichtjahr breite „Öffnung" dieser Sanduhr.

OBJEKT:	**Ringnebel, M 57**
ENTFERNUNG:	**2000 Lichtjahre**
REKTASZENSION:	**$18^h\ 53^m\ 35^s$**
DEKLINATION:	**+33° 01′ 45″**
AUFNAHME:	**HUBBLE-Weltraumteleskop, Wide Field and Planetary Camera 2**

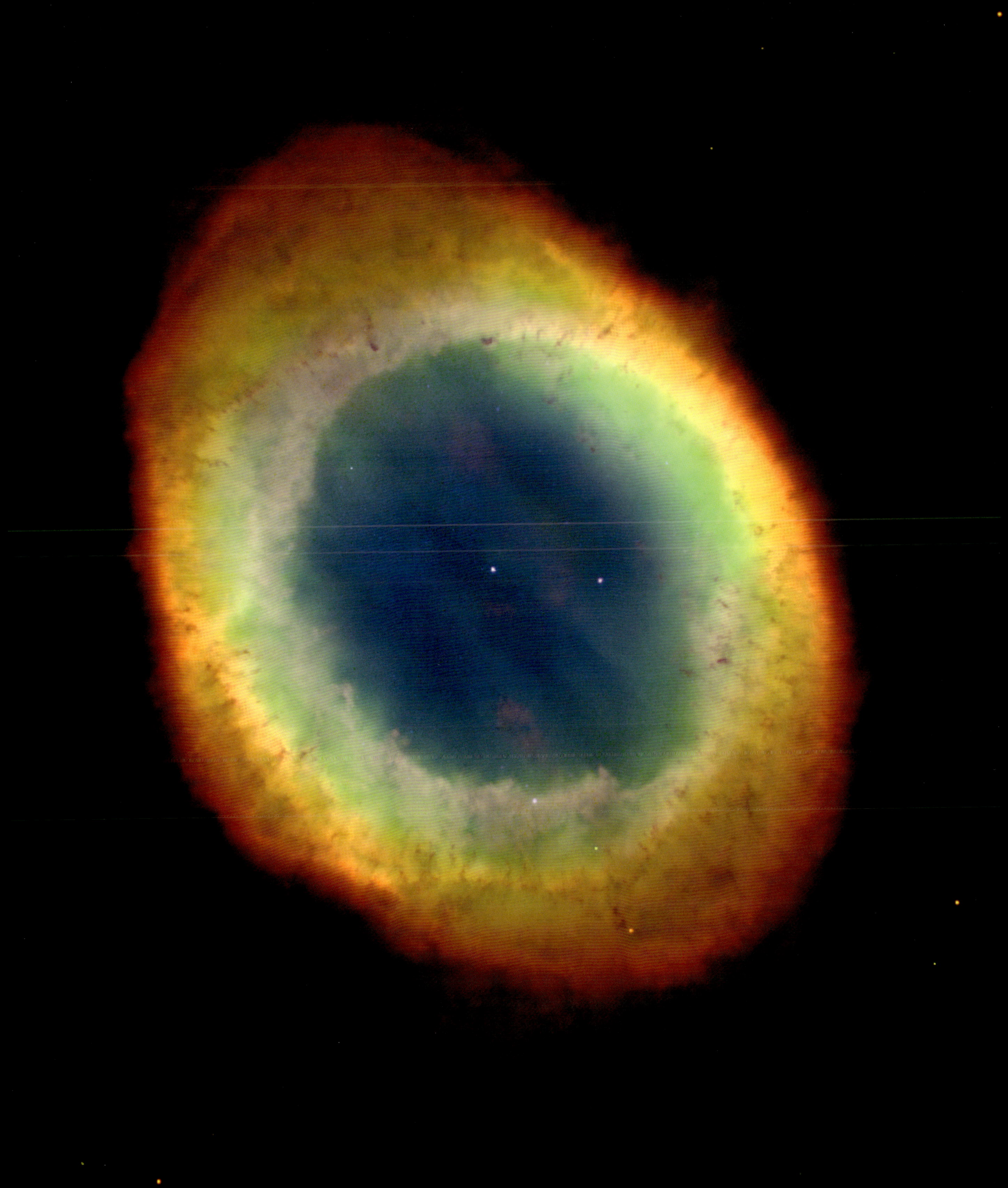

SEEN AUF TITAN

Eine Reihe von Messstreifen, aufgenommen mit dem Mikrowellen-Radar der Raumsonde CASSINI, wurden im Computer zu dieser Projektionsansicht der Nordpolregion von Titan kombiniert. Dieser größte Mond des Saturn – und nach dem Jupitermond Ganymed der zweitgrößte Mond im Sonnensystem – ist von einer dichten, methanreichen Atmosphäre umgeben, die den Blick auf die Oberfläche normalerweise versperrt. Doch die Instrumente an Bord der CASSINI-Sonde können jeweils einen Streifen der Oberfläche abtasten, wenn die Sonde auf ihrer verschlungenen Bahn um den Saturn an Titan vorbeifliegt. Die künstliche Farbgebung der Landflächen stützt sich auf ein paar Bilder, die die europäische Landesonde HUYGENS während und nach ihrem Abstieg durch die Titanatmosphäre im Januar 2005 zur Erde gefunkt hat, während die dunkelblauen Flecken Regionen zeigen, die im Radarecho auffällig glatt und durch Absorption der Radarstrahlen dunkel erscheinen. Man vermutet, dass es sich um Seen handelt, die mit flüssigen Kohlenwasserstoffen wie Ethan und Methan gefüllt sind. Die größten dieser Seen, wie etwa das Ligeia Mare rechts oben, sind in ihren Ausmaßen mit den Großen Seen Nordamerikas vergleichbar.

Die Existenz solcher Seen war seit den 1980er-Jahren vermutet worden, als die Zusammensetzung und Dichte der Titanatmosphäre bestimmt werden konnte. Damals verwiesen die Forscher darauf, dass Methan unter den auf Titan herrschenden Temperaturen um −180 Grad Celsius eine ähnliche Vielseitigkeit aufweist wie das irdische Wasser, also flüssig, fest und gasförmig auftreten kann und somit Landschaften durch Erosion zu gestalten vermag. Dabei scheinen die Äquatorregionen auf Titan wesentlich „trockener“ zu sein als die Polgebiete, wo die Pegelstände vermutlich einem starken jahreszeitlichen Wechsel unterliegen.

OBJEKT:	**Saturnmond Titan**
MIN. ENTFERNUNG:	**1,2 Milliarden Kilometer**
DURCHMESSER:	**5152 Kilometer**
AUFNAHME:	**Raumsonde CASSINI, RADAR-Instrument**

GALAXIE VON DER SEITE

Das klumpig erscheinende Muster aus Rot und Schwarz erinnert an eine Spur aus glühender Asche, die sich über die gesamte Länge dieser in Kantenlage erkennbaren Galaxie NGC 5775 erstreckt, einer etwa 85 Millionen Lichtjahre entfernten Spiralgalaxie im Sternbild Jungfrau. Offenbar erlebt dieses Milchstraßensystem gerade eine intensive Phase der Sternentstehung, die durch eine enge Begegnung mit der benachbarten Galaxie NGC 5774 ausgelöst wurde. Dabei zündeten riesige Sternentstehungsgebiete in den von Gas und Staub erfüllten Außenbezirken der Galaxie, während die Zentralregion, die sich dahinter weitgehend verbirgt, ungewöhnlich hell leuchtet. Für diese Ansicht des HUBBLE-Weltraumteleskops wurde eine Rotfilteraufnahme blau eingefärbt und die charakteristische Strahlung des Wasserstoffgases rot wiedergegeben, um die Gebiete aktiver Sternentstehungsregionen zu betonen.

Während Galaxien in Kantenstellung den Astronomen kaum eine Möglichkeit geben, Klarheit über die Gesamtstruktur zu gewinnen, bieten sie aber die einmalige Chance, Details in ihrem Umfeld zu erkennen. So sind alle Spiralgalaxien von einem zumeist sphärischen Halo umgeben, der sich weit nach oben und unten relativ zur galaktischen Scheibe erstreckt. Dort trifft man vielfach auf kugelförmige Sternhaufen und umherstreunende Halosterne, doch in wechselwirkenden Galaxien wie NGC 5775 enthält die Region auch große Mengen an extrem heißem Gas von einigen Hunderttausend Grad, das anhand seiner Röntgenstrahlung nachgewiesen werden kann. Der Ursprung dieses Gases ist noch unklar, doch vermuten viele Astronomen, dass es von zahllosen Supernovae stammt, die in der galaktischen Scheibe explodiert sind.

OBJEKT:	**NGC 5775**
ENTFERNUNG:	**85 Millionen Lichtjahre**
REKTASZENSION:	**$14^h\ 53^m\ 58^s$**
DEKLINATION:	**+03° 32′ 40″**
AUFNAHME:	**HUBBLE-Weltraumteleskop, Advanced Camera for Surveys**

FLAMMENNEBEL

Wie eine leuchtende Blüte erscheinen diese vielschichtigen Strukturen interstellarer Materie im Zentrum einer Gaswolke im Sternbild Orion, vor deren Hintergrund sich eine säulenartige Dunkelwolke mit neu entstandenen Sternen abzeichnet. Im sichtbaren Licht bleibt die Zentralregion dieses eindrucksvollen Nebels mit der Bezeichnung NGC 2024 hinter vorgelagerten Staubfahnen verborgen, die für das flammenähnliche Aussehen des Nebels sorgen. Diese Aufnahme des Vista-Teleskops der ESO im nahen Infrarot verwandelt die Flammen jedoch in eine zusammenhängende Blüte, weil Infrarotstrahlen den Licht verschluckenden Staub weitgehend durchdringen können. Die verbleibende dunkle Säule wird von jungen Sternen gesäumt, deren intensive Sternwinde den Nebel von innen aushöhlen und deutliche Spuren in der umgebenden Hülle hinterlassen.

Der Flammennebel liegt unweit von Alnitak, einem heißen, bläulich weißen Stern im Orion-Gürtel. Seine Ultraviolettstrahlung spaltet die Wasserstoffatome des Nebels in Ionen und Elektronen, die bei ihrer Wiedervereinigung die überschüssige Energie als sichtbares Licht und Infrarotstrahlung aussenden und so das Leuchten der Flammen ermöglichen.

OBJEKT:	**Flammennebel, NGC 2024**
ENTFERNUNG:	**1500 Lichtjahre**
REKTASZENSION:	**$05^h\ 41^m\ 54^s$**
DEKLINATION:	**−01° 51′ 00″**
AUFNAHME:	**Europäische Südsternwarte (ESO), Visible and Infrared Survey Telescope for Astronomy (VISTA)**

➤ RECHTS

MARS IN STREIFEN

Vier unterschiedliche Streifen, aufgenommen vom MARS RECONNAISSANCE ORBITER der NASA (MRO), ergeben zusammen nicht nur ein geometrisches Muster, sondern zeigen auch die Vielfalt der Oberflächenformationen auf dem Mars. Seit 2006 bildet der MRO die Oberfläche des Mars in zahllosen schmalen Streifen mit nie zuvor erreichter Auflösung ab, bei jedem Umlauf einen anderen Bereich.

Das Hauptinstrument an Bord des MRO ist das „High-Resolution Imaging Science Experiment“ (HiRISE), ein hochauflösendes Kamerasystem mit einer 50-Zentimeter-Optik, die das auftreffende Licht auf eine Reihe von 14 elektronischen CCD-Detektoren leitet. Aus einer durchschnittlichen Bahnhöhe von 300 Kilometern kann es Einzelheiten bis herunter zu 30 Zentimeter Größe erkennen und damit zum Beispiel auch Marsrover auf der Oberfläche fotografieren. Die vier Streifen zeigen (von oben nach unten) die Gegend um den Krater Kaiser im südlichen Hochland des Mars, eine tektonisch geprägte Felslandschaft in der Umgebung des Canyons Nili Fossae, Sanddünen um eine Felsregion im Äquatorbereich und einen von Erosion angefressenen Einschlagkrater namens Aram Chaos.

OBJEKT:	**Mars**
MIN. ENTFERNUNG:	**55,6 Millionen Kilometer**
DURCHMESSER:	**6792 Kilometer**
AUFNAHME:	**Raumsonde MARS RECONNAISSANCE ORBITER, High-Resolution Imaging Science Experiment (HiRISE)**

➤➤ NÄCHSTE DOPPELSEITE

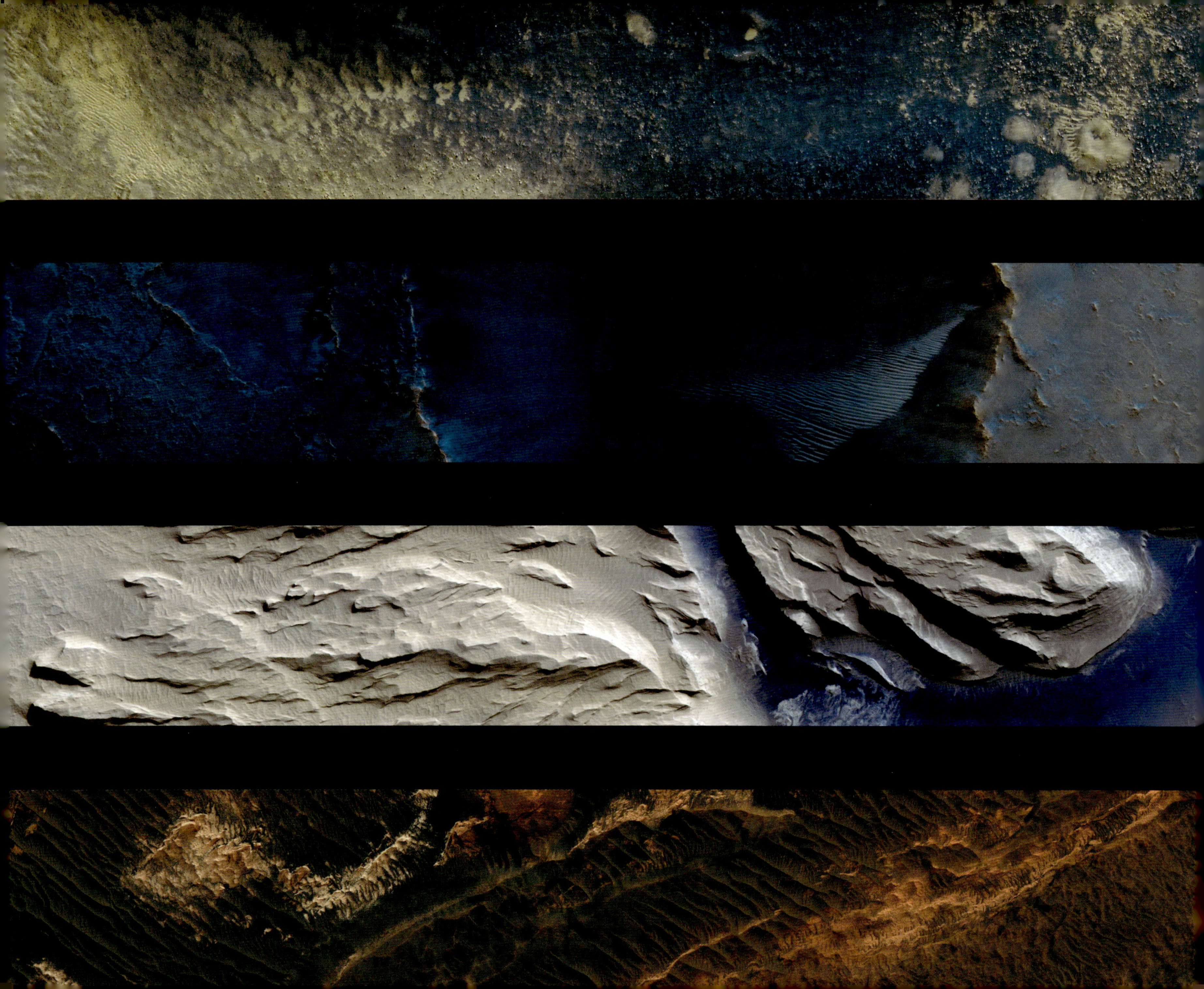

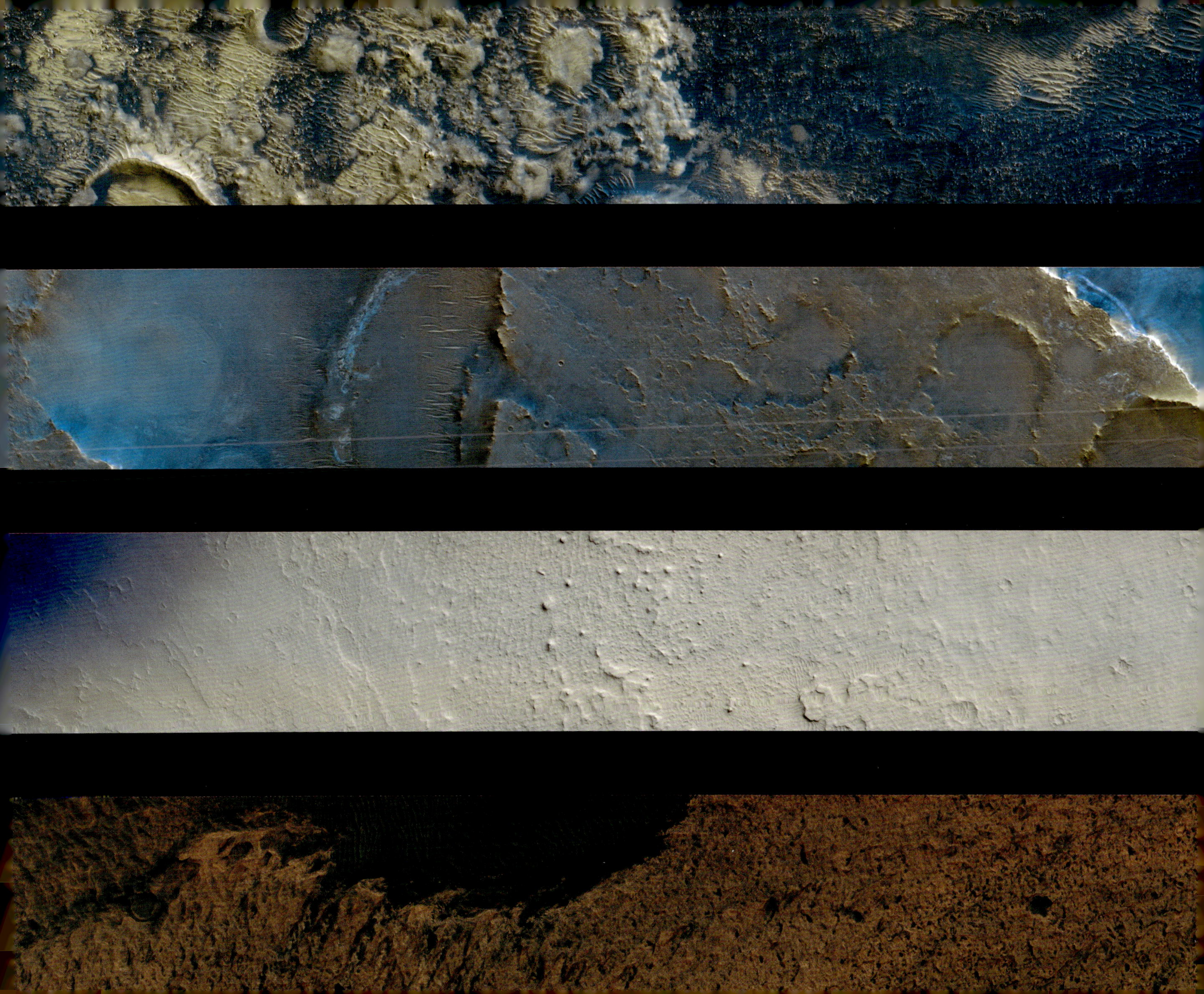

FEUER IN DER DUNKELHEIT

Glühenden Tentakeln gleich klammern sich auf dieser kombinierten Darstellung von optischen und radioastronomischen Beobachtungen undurchsichtige Staubwolken (orange) um bläulich leuchtende Nebel. Messier 78 gehört zum ausgedehnten Molekülwolkenkomplex im Sternbild Orion – einer riesigen Gas- und Staubwolke, die etwa 1600 Lichtjahre von der Erde entfernt und mit mehreren Hundert Lichtjahren Durchmesser so groß ist, dass sie sich sogar über die Grenzen des Orion hinaus erstreckt. Weite Teile der Wolke leuchten so schwach, dass sie nahezu unsichtbar bleiben, doch an einzelnen Stellen ist sie längst „erwacht" und teilweise kollabiert, um neue Sterne hervorzubringen, die mit ihrem Licht das Dunkel durchdringen.

Messier 78 gehört zu den hellsten dieser Gebiete und umfasst eine Reihe leuchtender Wolken nordöstlich des Orion-Gürtels, gleich nördlich vom Flammennebel (Seite 26). Hochauflösende Beobachtungen weisen Messier 78 als zwei klar umrissene Gaswolken aus, die von Licht verschluckenden Staubwolken umgeben sind und die energiereiche Strahlung heißer, blauer Sterne in ihrem Innern reflektieren. In dieser Gegend können auffallend viele T-Tauri-Sterne beobachtet werden, noch instabile Sterne mit schwankender Größe und Helligkeit auf dem Weg zur stellaren Reife. Die Orangefärbung weiter Teile der Dunkelwolken weist auf langwellige Infrarotstrahlung (Mikrowellenstrahlung) hin, die von den kalten Staubkörnern innerhalb des Nebels stammt. Sie wurde mit dem APEX-Radioteleskop des Bonner Max-Planck-Instituts für Radioastronomie auf dem Gelände des von der ESO mit betriebenen ALMA-Observatoriums gemessen.

OBJEKT:	**M 78, NGC 2068**
ENTFERNUNG:	**1600 Lichtjahre**
REKTASZENSION:	**$05^h\ 46^m\ 42^s$**
DEKLINATION:	**+00° 03′ 02″**
AUFNAHME:	**Max-Planck-Institut für Radioastronomie und Europäische Südsternwarte (ESO), Atacama Pathfinder Experiment (APEX)**

SCHATTENSPIELE IM ALL

Was auf den ersten Blick wie eine frontale Galaxienkollision erscheint, wird nur durch unsere besondere Perspektive vorgetäuscht: In Wirklichkeit zieht hier eine im Vordergrund liegende Galaxie vor einem weiter entfernten Milchstraßensystem vorbei. Erst der besondere Scharfblick des HUBBLE-Weltraumteleskops führte 1999 zu dieser Erklärung des ungewöhnlichen Aussehens von NGC 3314 im Sternbild Wasserschlange. 2012 erstellte das Weltraumteleskop mit seiner zwischenzeitlich installierten „Advanced Camera for Surveys" dieses neue, detailreiche Mosaikbild.

Die Katalognummer NGC 3314 wird inzwischen für zwei getrennte Galaxien verwendet. Die Vordergrundgalaxie NGC 3314 a, auf die wir ziemlich frontal blicken, ist rund 117 Millionen Lichtjahre entfernt, während die größere Spiralgalaxie NGC 3314 b etwa 23 Millionen Lichtjahre weiter entfernt liegt. So zeichnen sich die Staubbänder der vorne liegenden Galaxie vor dem hellem Hintergrund deutlich ab, während die Staubgürtel der hinteren Galaxie durch das Leuchten der Vordergrundsterne an Kontrast verlieren.

Obwohl die beiden Galaxien viel zu weit voneinander entfernt sind, um sich gegenseitig beeinflussen zu können, zeigt die vordere Galaxie NGC 3314 a deutliche Anzeichen einer Störung: Vor allem zum rechten und unteren Bildrand hin erkennt man bläuliche Sternhaufenregionen, die aus der allgemeinen Spiralstruktur ausbrechen. Dies dürfte das Ergebnis einer Begegnung mit einer anderen Galaxie sein, die sich in diesem Raumbereich aufhält.

OBJEKT:	**NGC 3314**
ENTFERNUNG:	**117/140 Millionen Lichtjahre**
REKTASZENSION:	**$10^h\ 37^m\ 13^s$**
DEKLINATION:	**−27° 41′ 05″**
AUFNAHME:	**HUBBLE-Weltraumteleskop, Advanced Camera for Surveys**

ÜBER DEN WOLKEN

Der mit zahlreichen Vulkanen gespickte Jupitermond Io hängt friedlich über einem turbulenten Wolkenfeld des Riesenplaneten. Aufgenommen wurde diese atemberaubende Szenerie aus einer Entfernung von rund zehn Millionen Kilometern während des Vorbeiflugs der Saturnsonde CASSINI an Jupiter im Dezember 2000. Jupiter verdankt seine Pastellfarben einer Reihe von schwefelhaltigen Verbindungen, die in der turbulenten Atmosphäre des Planeten immer wieder nach außen getragen werden. Sie kondensieren in unterschiedlichen Höhen zu Wolken, und so lassen die einzelnen Farben auf verschiedene Wolkenniveaus schließen: Blaue Wolken treiben zuunterst, braune Wolken in der Mitte und weiße ganz oben (wobei der Große Rote Fleck als gewaltiger Wirbelsturm noch darüber aufragt). Die rasche Rotation des Planeten führt zu starken Corioliskräften, die die Wolken in lange, äquatorparallele Gürtel zwingen – dabei gibt es helle Zonen und dunkle Bänder. Girlandenähnliche Wolkenstrukturen in den Grenzbereichen dieser Gürtel lassen auf starke Windströmungen schließen.

Io ist der innerste der vier schon von Galileo Galilei beobachteten großen Monde, die – jeder groß genug, um einzeln als Planet durchgehen zu können –, das Gesamtsystem der über 65 Jupitermonde dominieren. Seine Braun-, Rot- und Gelbtöne lassen einen ähnlichen Ursprung vermuten wie die Farben der Jupiterwolken im Hintergrund, und tatsächlich findet man auch auf Ios Oberfläche größere Mengen an schwefelhaltigen Substanzen. In einer Höhe von rund 350.000 Kilometern über den Jupiterwolken ist Io extremen Gezeitenkräften ausgesetzt, die ihn beständig durchwalken, dabei aufheizen und so Teile seines Innern flüssig halten. Diese dauernde Energiezufuhr entlädt sich in einem Vulkanismus ungeahnten Ausmaßes, der Io zum vulkanisch aktivsten Körper im Sonnensystem macht.

OBJEKT:	**Jupitermond Io**
MIN. ENTFERNUNG:	**588 Millionen Kilometer**
DURCHMESSER:	**3643 Kilometer**
AUFNAHME:	**Raumsonde CASSINI, Imaging Science Subsystem**

GLITZERNDE KUGEL

Zehntausende von Sternen drängen sich auf einen Raum von rund 70 Lichtjahren Durchmesser und verleihen diesem kugelförmigen Sternhaufen Messier 70 im Sternbild Schütze ein äußerst kompaktes Aussehen, wie die Aufnahme des HUBBLE-Weltraumteleskops eindrucksvoll belegt. Messier 70 liegt etwa 30.000 Lichtjahre von der Erde entfernt in der Nähe des galaktischen Zentrums.

Während die überwiegende Mehrzahl der Sternhaufen in der Galaxis zur Gruppe den sogenannten Offenen Haufen gehört, die in der Regel einige Dutzend bis mehrere Hundert Sterne umfassen und von kurzlebigen, blauen Sternen dominiert werden, bestehen die kugelförmigen Sternhaufen wie Messier 70 aus vielen Zehn- oder gar Hunderttausenden eher durchschnittlichen Sternen, von denen viele so alt sind wie die Milchstraße selbst. Man nimmt an, dass sich die kugelförmigen Sternhaufen aus ursprünglich sehr großen Offenen Sternhaufen entwickelten, die während Sternentstehungsperioden (sogenannter Starburst-Phasen) im Zusammenhang mit größeren Galaxienkollisionen und -verschmelzungen entstanden. Wenn die massereicheren Sterne nach kurzer Zeit verglüht sind, haben solche Haufen immer noch genügend Anziehungskraft, um ihre Mitglieder in einem etwa kugelförmigen Bereich zusammenzuhalten (während Offene Sternhaufen im Laufe der Zeit wegen der deutlich geringeren Gesamtmasse auseinanderdriften).

Etwa 20 Prozent der Kugelsternhaufen, darunter auch Messier 70, haben noch einen weiteren Entwicklungsschritt durchlebt, der als Kernkollaps bezeichnet wird. Dabei konzentrieren sich die meisten Mitglieder auf einen noch kleineren Raumbereich um das Zentrum, sodass sie voneinander dann nur noch wenige Lichttage oder gar -stunden entfernt sind.

OBJEKT:	**M 70, NGC 6681**
ENTFERNUNG:	**29.300 Lichtjahre**
REKTASZENSION:	**$18^h\,43^m\,13^s$**
DEKLINATION:	**–32° 17′ 32″**
AUFNAHME:	**HUBBLE-Weltraumteleskop, Advanced Camera for Surveys**

FRÜHLING AUF SATURN

Streifend einfallende Sonnenstrahlen tauchen die Saturnringe kurz vor der Frühlingstagundnachtgleiche des Planeten im August 2009 in ein fahles Licht. Die Äquatorebene des Ringplaneten ist um rund 27 Grad gegen seine Bahnebene geneigt – und damit etwas stärker als die Äquatorebene der Erde. Durch diese Neigung gibt es auch auf Saturn Jahreszeiten; da ein Saturnjahr aber rund 29,5 irdische Jahre dauert, erstreckt sich jede der vier Jahreszeiten über mehr als sieben Jahre.

Zweimal bei jedem Umlauf erreicht der Planet die Tagundnachtgleichenstellung, und zwar dann, wenn die Sonne genau über dem Saturnäquator steht. Und weil sich die Ringe exakt in der Äquatorebene des Planeten befinden, werden sie in den Wochen und Monaten vor und nach dieser Tagundnachtgleiche nur sehr streifend beleuchtet. Entsprechend dunkel erscheinen sie in dieser Phase, und Monde ebenso wie geringfügige Höhendifferenzen innerhalb der Ringe werfen lange Schatten über sie. In diesem Bild, das aus einer Position hoch über der Nordhalbkugel des Planeten entstand, wurde die Helligkeit der Ringe etwa zehnfach verstärkt, um neben dem hellen B-Ring auch noch den dunkleren, äußeren A-Ring sichtbar zu machen. Rechts unten erkennt man den schmalen Schatten der Ringe auf der Saturnkugel und darunter ragen die Bänder des inneren, weitgehend durchsichtigen D-Rings als dunkle Silhouetten vor der sepiafarbenen Saturnkugel ins Bild.

OBJEKT:	**Saturn**
MIN. ENTFERNUNG:	**1,2 Milliarden Kilometer**
DURCHMESSER:	**120.536 Kilometer**
AUFNAHME:	**Raumsonde CASSINI, Imaging Science Subsystem**

STEPHANS QUINTETT

Die hellsten Mitglieder dieser berühmten Galaxiengruppe, die 1877 von dem französischen Astronomen Édouard Stephan entdeckt wurde, zaubern in dieser Aufnahme des HUBBLE-Weltraumteleskops impressionistische Farbflecke auf die kosmische Leinwand. Die Galaxien bilden in einer Entfernung von rund 300 Millionen Lichtjahren eine äußerst kompakte Gruppe und zeigen, dass die Dunkelheit zwischen den Sternen gar nicht so leer ist, wie man meinen möchte. Im Vergleich zu den Sternen innerhalb einer Galaxie stehen diese Galaxien untereinander viel dichter zusammen, sie sind kaum mehr als ein paar Galaxiendurchmesser voneinander getrennt. Und zwischen ihnen hindurch schimmert das Licht noch viel weiter entfernter Milchstraßensysteme.

Diese ungewöhnlichen Galaxien weisen eine überraschende Vielfalt an Farben und Formen auf – Zeichen der gewaltigen Kräfte, die bei engen galaktischen Begegnungen walten. Die S-förmige Spiralgalaxie rechts oben besitzt einen langen zentralen Materiebalken, der von Strömen dunkler Gas- und Staubwolken gekreuzt wird. Das Objekt unterhalb der Bildmitte verrät durch die beiden hellen Kernregionen seine Doppelstruktur: Es besteht in Wirklichkeit aus zwei miteinander verschmelzenden Galaxien, die riesige Sternströme davonschleudern, während sich ihre Spiralarme auflösen. In ferner Zukunft werden beide zu einem System vereint sein, das dann vielleicht auch noch den gelblichen Nachbarn oben rechts vereinnahmt. Die bläuliche Spirale links oben dagegen scheint von dieser Entwicklung unberührt – und ist es auch, denn es handelt sich um eine Vordergrundgalaxie in lediglich 40 Millionen Lichtjahren Entfernung, ohne jede physische Beziehung zu den drei anderen Systemen.

OBJEKT:	**Stephans Quintett, HCG 92**
ENTFERNUNG:	**300 Millionen Lichtjahre**
REKTASZENSION:	**$22^h\ 35^m\ 58^s$**
DEKLINATION:	**+33° 57′ 36″**
AUFNAHME:	**HUBBLE-Weltraumteleskop, Wide Field Camera 3**

DIE MILCHSTRASSE

Das sternenübersäte Band der Milchstraße spannt sich in weitem Bogen über den irdischen Himmel. Dieses superscharfe Milchstraßenpanorama ist aus zahlreichen Einzelbildern zusammengefügt, die Astronomen der Europäischen Südsternwarte (ESO) über mehrere Monate hinweg aufgenommen haben. Auch das Milchstraßenband nimmt an der täglichen Bewegung des Himmelsgewölbes über uns teil. Doch dieser Eindruck täuscht in jeder Hinsicht, denn in Wirklichkeit dreht sich die Erde unter dem weitgehend unveränderlich erscheinenden Sternenzelt hindurch, das sich bis in ungeahnte Weiten erstreckt. Nur der Mond und all die übrigen Mitglieder des Sonnensystems bewegen sich vor dieser kosmischen Bühne in erkennbarem Maße; auch die Sonne steht – aufgrund unserer eigenen Bewegung um sie herum – vor einem stetig wechselnden Hintergrund. Doch sogar die fernen Sterne, all die leuchtenden Gasnebel und erst recht die fernsten Galaxien stehen nur scheinbar unbewegt am Himmel, denn auch sie eilen mit zum Teil hohen Geschwindigkeiten durch den Raum.

Unter einem wirklich dunklen Himmel können gute Beobachter ohne optische Hilfsmittel etwa 3000 Sterne auf einmal erkennen – und damit etwa 6000 am gesamten Himmel. Das Licht dieser Sterne war Jahre, Jahrhunderte oder sogar Jahrtausende hindurch zu uns unterwegs. Von den Magellanschen Wolken, zwei kleinen Satellitengalaxien der Milchstraße – im Bild sichtbar unterhalb der Galaxis –, braucht es sogar zwischen 170.000 und 210.000 Jahre bis zu uns, von der Andromeda-Galaxie im gleichnamigen Sternbild sogar rund 2,5 Millionen Jahre. Viel weiter reichen unsere Augen alleine nicht mehr, aber moderne Großteleskope erfassen mit ihren empfindlichen Detektoren noch das schwache Leuchten von Objekten, die mehr als 13 Milliarden Lichtjahre entfernt sind.

OBJEKT:	**Milchstraße**
ENTFERNUNG:	**26.000 Lichtjahre (bis zum Zentrum)**
AUFNAHME:	**Europäische Südsternwarte (ESO), GigaGalaxy-Zoom-Projekt**

ANTENNENGALAXIEN

Rote und blaue Wolken verraten Quellen unsichtbarer Strahlung, die hier einer HUBBLE-Aufnahme der wohl bekanntesten Galaxienkollision überlagert wurden. Die Antennengalaxien, NGC 4038 und NGC 4039 im Sternbild Rabe, verschmelzen in einer Entfernung von rund 45 Millionen Lichtjahren miteinander. Der Beiname bezieht sich auf zwei in die Länge gezogene Spiralarme, die an die Fühler (Antennen) eines Käfers erinnern.

Im Zentrum dieses wechselwirkenden Galaxienpaares lassen sich die Details einer Kollision im Einzelnen beobachten. Dabei kommt es fast nie zu Zusammenstößen zwischen den Sternen selbst, doch die interstellaren Gaswolken prallen mit aller Wucht aufeinander und lösen so ganze Sternentstehungslawinen aus. Im sichtbaren Licht sieht man nur, dass diese sogenannten „Starbursts“ die galaktischen Strukturen beleuchten. Das Kompositbild zeigt über die Infrarotansicht (rot) auch, wo die neu entstandenen Sterne benachbarte Gas- und Staubwolken aufheizen, während die ebenfalls einbezogenen Röntgendaten (blau) das durch die Kollision extrem aufgeheizte Gas ausweisen.

OBJEKT:	**Antennengalaxien, NGC 4038/9**
ENTFERNUNG:	**45 Millionen Lichtjahre**
REKTASZENSION:	**$12^h\ 01^m\ 54^s$**
DEKLINATION:	**–18° 52′ 36″**
AUFNAHME:	**HUBBLE-Weltraumteleskop, CHANDRA-Röntgensatellit und SPITZER-Weltraumteleskop**

➤ RECHTS

ZIGARRENGALAXIE

Auf den ersten Blick scheint es, als wären die roten Streifen auf diesem Bild des HUBBLE-Weltraumteleskops völlig losgelöst vom Rest der Szenerie, allenfalls Farbkleckse vor dem Hintergrund einer friedlichen Galaxie. Doch dann fällt auf, dass diese Streifen aus dem Zentrum der offenbar sehr hellen, aber gar nicht so großen Galaxie stammen, die früher einmal als explodierende Galaxie beschrieben wurde und heute den Beinamen „die Zigarre“ trägt.

Messier 82 liegt etwa 11,5 Millionen Lichtjahre entfernt im Sternbild Großer Bär und gilt inzwischen als Prototyp einer Starburst-Galaxie, einer Galaxie also, in der die Sternentstehung rund zehnmal intensiver abläuft als in der Milchstraße. Angeregt wird sie vermutlich durch die Wechselwirkung mit der Nachbargalaxie Messier 81. Mit der erhöhten Sternentstehungsrate steigt auch die Zahl massereicher, kurzlebiger Sterne, die schon wenig später als Supernova explodieren und das umgebende Gas aufheizen. Dadurch wird das Gas so stark beschleunigt, dass es das Schwerefeld der Galaxie verlässt und Messer 82 so zu ihrem ungewöhnlichen Aussehen verhilft.

OBJEKT:	**Zigarrengalaxie, M 82**
ENTFERNUNG:	**11,5 Millionen Lichtjahre**
REKTASZENSION:	**$09^h\ 55^m\ 52^s$**
DEKLINATION:	**+69° 40′ 47″**
AUFNAHME:	**HUBBLE-Weltraumteleskop, Advanced Camera for Surveys**

➤➤ NÄCHSTE DOPPELSEITE

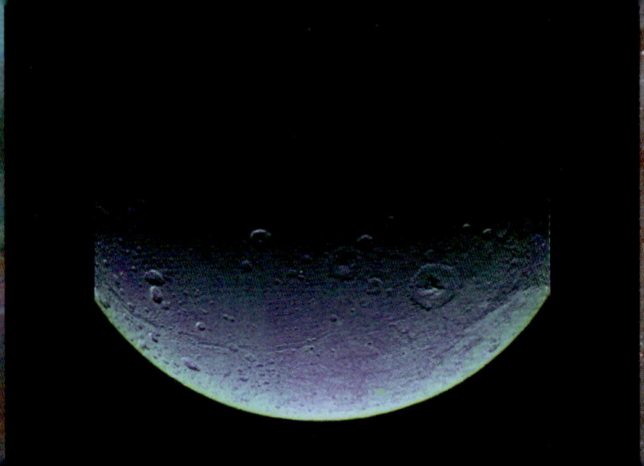

ORDNUNG UND CHAOS 2

VERKRATERTER MERKUR

Die Regenbogenfarben verwandeln die Oberfläche des Merkur auf dieser Radarkarte in eine Pop-Art-Landschaft, sie zeigt das Goethe-Becken auf der Nordhalbkugel des Planeten. Die Höhen in dieser Tieflandebene von rund 320 Kilometern Durchmesser variieren um etwa einen Kilometer, von Violett über Blau bis zu den größten Höhen, die in Rot und Grau wiedergegeben sind. Diese farbdifferenzierte Wiedergabe der Radarhöhendaten, die von der MESSENGER-Sonde der NASA aufgenommen wurden, dient dazu, sonst kaum erkennbare Strukturen innerhalb des Geländes hervorzuheben und sichtbar zu machen. Konzentrische Höhenrücken markieren die versunkenen Umrisse des einstigen Kraters, der beim Einschlag eines großen Brockens entstanden ist. Zerklüftetes Gelände lässt vermuten, dass der Boden später weiter eingebrochen ist, während Runzeln und Falten auf Verschiebungen oder auch erstarrte Lavaströme an der glühenden Oberfläche hindeuten.

Aufgrund ihrer hohen nördlichen Lage werden einige der tiefen Krater innerhalb des Goethe-Beckens nie voll von der Sonne ausgeleuchtet. Da keine Atmosphäre für einen Wärmeaustausch oder -transport sorgt, bleiben die Böden dieser Krater dauerhaft bei Temperaturen um –190 Grad Celsius tiefgefroren. Interessanterweise erscheinen sie allerdings ungewöhnlich radarhell, reflektieren also auftreffende Radarsignale besonders gut, was auf die Anwesenheit eines glatten Materials wie zum Beispiel Eis schließen lässt. Wenn diese Annahme bestätigt wird, darf man annehmen, dass sich das Eis im Laufe der langen Geschichte des Merkur in diesen Kältefallen des Planeten gesammelt und erhalten hat, nachdem es zuvor durch den Einschlag von Kometen auf Merkur „entladen“ wurde.

OBJEKT:	**Merkur**
MIN. ENTFERNUNG:	**77,3 Millionen Kilometer**
DURCHMESSER:	**4879 Kilometer**
AUFNAHME:	**Raumsonde MESSENGER, Mercury Laser Altimeter**

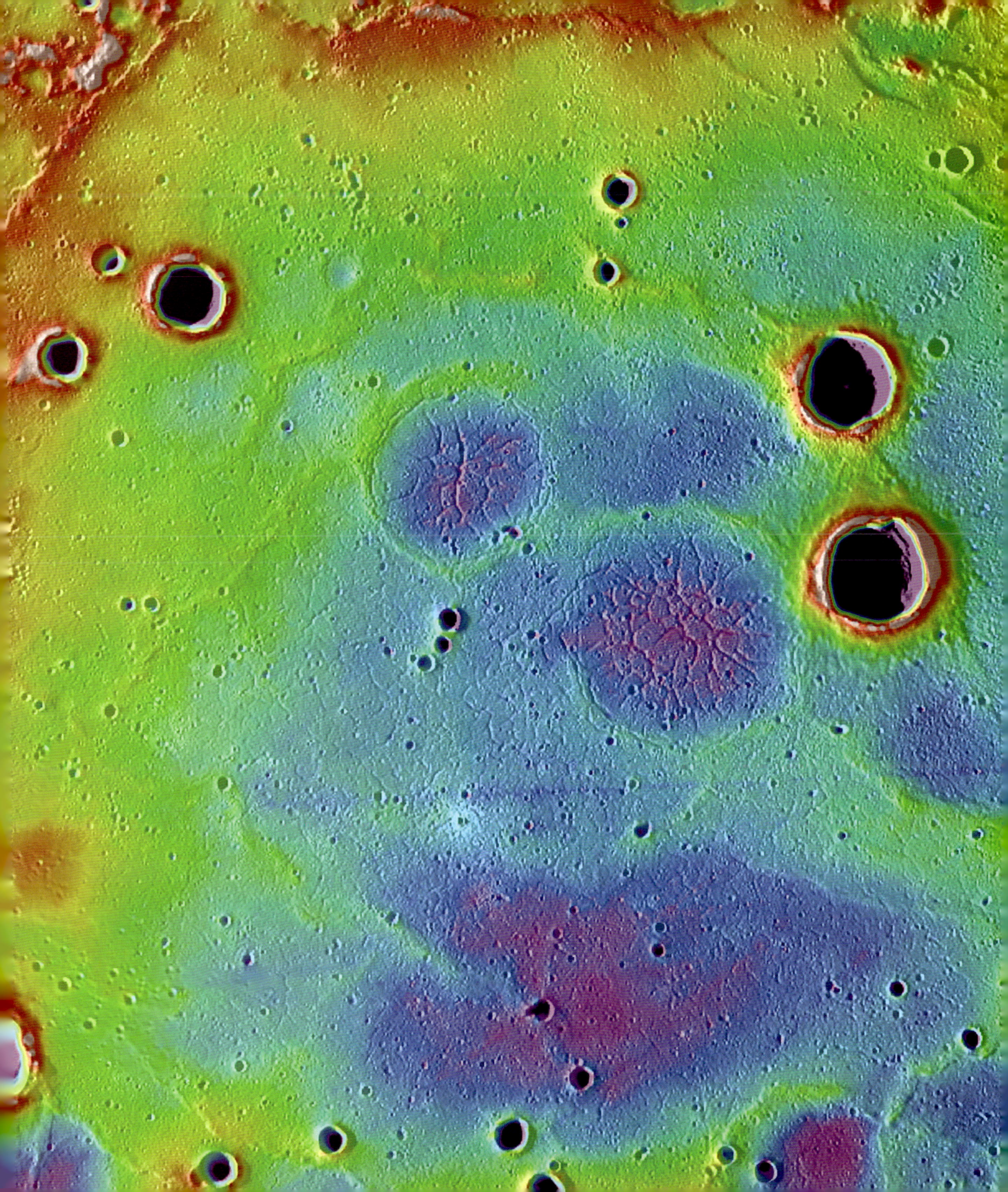

ENTSCHLEIERTE VENUS

Diese detailreiche Falschfarben-Radarkarte enthüllt die unter einer dichten Wolkendecke verborgene Oberfläche unseres nächsten Nachbarplaneten und präsentiert eine weitgehend von vulkanischen Aktivitäten geprägte Landschaft. Die Farben von Blau über Grün, Gelb, Rot und Weiß geben unterschiedliche Höhen wieder, von den Tiefländern bis zu den höchsten Bergen. Und obwohl die Venus größenmäßig als Zwillingsschwester der Erde erscheint, unterscheiden sich beide Planeten in nahezu jedem anderen Zusammenhang sehr voneinander.

Die Venus ist unser Morgen- und Abend„stern" und nach Sonne und Mond das hellste Objekt am irdischen Himmel, womit sie dem Namen der römischen Göttin der Schönheit durchaus gerecht wird. Ein undurchdringlicher Schleier aus dichten Wolken versperrt den Blick auf ihre Oberfläche und ließ diesen inneren Nachbarplaneten lange Zeit hindurch geheimnisvoll erscheinen.

Vor dem Zeitalter der Raumfahrt konnten Astronomen und Buchautoren nur wilde Spekulationen über diese vermeintlich friedliche Schönheit anstellen. Vielfach gingen sie davon aus, dass sich unter der dichten Wolkendecke eine feuchte, bewohnbare Welt verberge, mit vielen Wäldern und intelligenten Bewohnern. Doch schon die ersten Raumsonden übermittelten ernüchternde Daten – sofern sie nicht bereits im Anflug von den höllischen Umweltbedingungen ausgeschaltet wurden und eines mehrfachen „Todes" gleichzeitig starben: zerfressen von den sauren Dämpfen in den Wolken, erdrückt von der gewaltigen Last der dichten Atmosphäre und eingeschmolzen von den extremen Temperaturen an der Oberfläche, die kaum unter 460 Grad Celsius absinken. So konnte die Oberfläche der Venus nur mit Hilfe von Radarmessungen im Detail ertastet werden – zunächst vom Erdboden aus, später auch mit Hilfe von Satelliten aus der Umlaufbahn um den Planeten.

OBJEKT:	**Venus**
MIN. ENTFERNUNG:	**38,2 Millionen Kilometer**
DURCHMESSER:	**12.104 Kilometer**
AUFNAHME:	**Raumsonde MAGELLAN, RDRS-Radar-System**

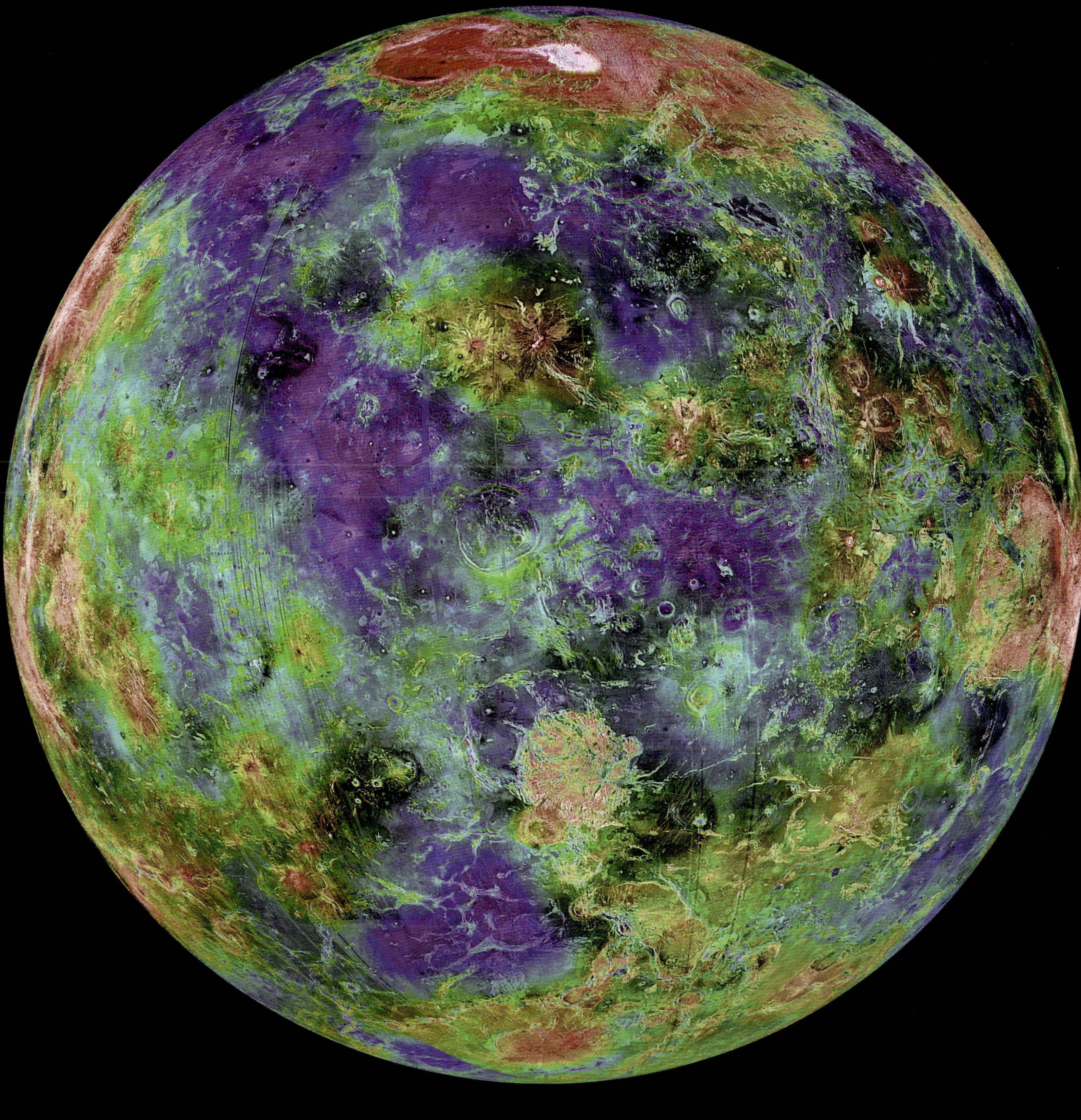

KOSMISCHE BRANDUNG

Aufgewühlt wie eine tosende See erscheinen die turbulenten Gaswolken an den Rändern der rund 5500 Lichtjahre entfernten Sternentstehungsregion Messier 17 im Sternbild Schütze. In dieser Aufnahme des HUBBLE-Weltraumteleskops geben die unterschiedlichen Pastellfarben verschiedene Bestandteile der Gas- und Staubwolke wieder: Rot verrät die Anwesenheit von Schwefel, Grün zeigt die Verteilung von Wasserstoff und Blau weist auf Sauerstoff hin.

Die wegen ihrer Ähnlichkeit mit dem griechischen Buchstaben Omega (Ω) auch unter dem Namen Omeganebel bekannte Sternentstehungsregion besitzt einen Durchmesser von etwa 15 Lichtjahren und enthält rund 800 Sonnenmassen an Material. Sie wurde 1745 von dem Schweizer Astronomen Jean-Philippe Loys de Chéseaux entdeckt und liegt inmitten von dichten Sternwolken Richtung Zentrum der Galaxis.

Die bewegte Szenerie wird vom Licht heißer, junger Sterne geformt, die links oben außerhalb des Bildes in einem Sternhaufen zusammenstehen. Ihre äußerst intensive Ultraviolettstrahlung fräst die umgebenden Wolken aus kaltem, molekularem Wasserstoff wie ein Sandstrahlgebläse aus und lässt so das dreidimensionale Gebilde entstehen, dessen aufgeheizte Oberfläche in Orange- und Rottönen glüht. Die leichteren Wasserstoffatome werden dabei genügend beschleunigt, um in die entstandenen Hohlräume abzudriften und sie mit ihrem grünlichen Leuchten zu erfüllen.

OBJEKT:	**Omeganebel, M 17**
ENTFERNUNG:	**5500 Lichtjahre**
REKTASZENSION:	**$18^h\ 20^m\ 46^s$**
DEKLINATION:	**$-16°\ 09'\ 27''$**
AUFNAHME:	**HUBBLE-Weltraumteleskop, Wide Field and Planetary Camera 2**

TITANS GEHEIMNISSE

Diese von den Raumfahrtexperten der CASSINI-Sonde zeitlich perfekt abgestimmte Aufnahme lässt die komplexen Bewegungsverhältnisse im Saturnsystem erahnen. Alles, was auf dieser Aufnahme in friedlicher Ruhe zu verharren scheint, befindet sich in Wirklichkeit in ständiger Bewegung: der große Mond Titan im Vordergrund, der kleinere Mond Dione dahinter und erst recht die vielgestaltigen Ringe und die turbulente Atmosphäre des Saturn im Hintergrund. Die Ringe präsentieren sich zwar nur als schmales Band quer durch das Gesichtsfeld, doch der von zahllosen dunklen Streifen geprägte untere Bildteil verrät dem Betrachter ihre angesprochene Komplexität, denn dabei handelt es sich um die Schatten der einzelnen Ringstrukturen auf dem sepiafarbenen Ausschnitt der Saturnkugel.

Die Saturnwolken bieten einen vortrefflichen Hintergrund für Titan, dessen äußerste Dunstschichten über seiner dichten Atmosphäre so besonders gut erkennbar werden. Titan besitzt als Einziger unter allen Monden des Sonnensystems eine dichte Lufthülle – und noch dazu eine mit verblüffenden Ähnlichkeiten zur frühen Erdatmosphäre. Zusätzlich zum Hauptbestandteil Stickstoff enthält sie kleine, aber nennenswerte Mengen an Kohlenwasserstoffverbindungen, vor allem Methan. Weil diese Gasmoleküle eigentlich durch das eindringende Sonnenlicht zerstört werden, muss Methan entweder anfangs in noch viel größeren Mengen vorhanden gewesen sein oder aber kontinuierlich nachgeliefert werden – zum Beispiel durch den sogenannten Kryovulkanismus, durch den keine heißen Gesteinsmassen, sondern kalte Eismassen an die Oberfläche gelangen. Nach neueren Abschätzungen dürfte diese „Methanfabrik" seit etwa einer Milliarde Jahren für Nachschub sorgen.

OBJEKT:	**Saturnmond Titan**
MIN. ENTFERNUNG:	**1,2 Milliarden Kilometer**
DURCHMESSER:	**5152 Kilometer**
AUFNAHME:	**Raumsonde CASSINI, Imaging Science Subsystem**

FROSTIGER MARS

Interessante Muster konnte der MARS RECONNAISSANCE ORBITER am Ende des Winters in den Sandwüsten des Mars fotografieren. Auf seiner Nordhalbkugel erstreckt sich eine riesige Tiefebene, die Vastitas Borealis, die vermutlich schon bald nach der Entstehung des Planeten durch den Einschlag eines gewaltigen Asteroiden und ein vorübergehendes Aufschmelzen der noch jungen Kruste geformt wurde. Heute enthält diese Ebene endlose Dünenfelder, in denen beständige Winde den feinen Sand auf dem festeren Untergrund immer wieder neu verteilen.

Mars erlebt ähnliche Jahreszeiten wie die Erde, wobei die Temperaturen allerdings wesentlich niedriger sind. Mit Beginn des Winters friert ein Teil des Kohlendioxids aus der Atmosphäre aus und bedeckt Sand und den felsigen Untergrund gleichermaßen mit einer dünnen Reifschicht. Wenn mit dem Frühjahr die Temperaturen wieder ansteigen, sublimiert das Trockeneis ohne Umweg über einen flüssigen Zustand direkt in die Atmosphäre zurück. Die bläulichen Zonen zeigen an, wo dieser Prozess im Gange ist, während die dunklen Flecken bereits freigelegte Gebiete sind, auf denen der Wind wieder mit seiner gestalterischen Arbeit beginnen kann.

OBJEKT:	**Mars**
MIN. ENTFERNUNG:	**55,6 Millionen Kilometer**
DURCHMESSER:	**6792 Kilometer**
AUFNAHME:	**Raumsonde MARS RECONNAISSANCE ORBITER, High-Resolution Imaging Science Experiment**

➤ RECHTS

SATURNS SUPERSTURM

Was aussieht wie verschiedenfarbige Tinte, die sich in einem strömenden Gewässer vermischt, zeigt in Wirklichkeit zwei zeitlich versetzte Ansichten eines Sturms im nördlichen Teil der Saturnatmosphäre. Die beiden Mosaikbilder, jeweils aus 84 einzelnen Aufnahmen über einen Zeitraum von 4,5 Stunden zusammengefügt, wurden im Februar 2011 von der CASSINI-Sonde im Abstand von einem Saturntag (etwa elf Stunden) fotografiert.

Im sichtbaren Licht erscheinen die Saturnwolken deutlich farbloser als die Wolken der Jupiteratmosphäre, weil eine dünne Dunstschicht aus Ammoniak in großen Höhen die Kontraste stark abschwächt und alles mit einem sepiaähnlichen Farbton übertüncht. Seit Längerem wurden im Abstand von jeweils rund 30 Jahren (ein Saturnjahr) größere Stürme, sogenannte Weiße Flecken, beobachtet – zuletzt Anfang der 1990er-Jahre. Entsprechend überraschend kam der heftige Ausbruch Ende 2010. Er war mit gewaltigen elektrischen Entladungen verbunden und entwickelte sich rasch zu einem riesigen Gebilde von 300.000 Kilometern Länge und 15.000 Kilometern Breite. Diese Aufnahmen im nahen Infrarotbereich geben kalte Gasmassen blau wieder, wärmere in verschiedenen Rottönen.

OBJEKT:	**Saturn**
MIN. ENTFERNUNG:	**1,2 Milliarden Kilometer**
DURCHMESSER:	**120.536 Kilometer**
AUFNAHME:	**Raumsonde CASSINI, Imaging Science Subsystem**

➤➤ NÄCHSTE DOPPELSEITE

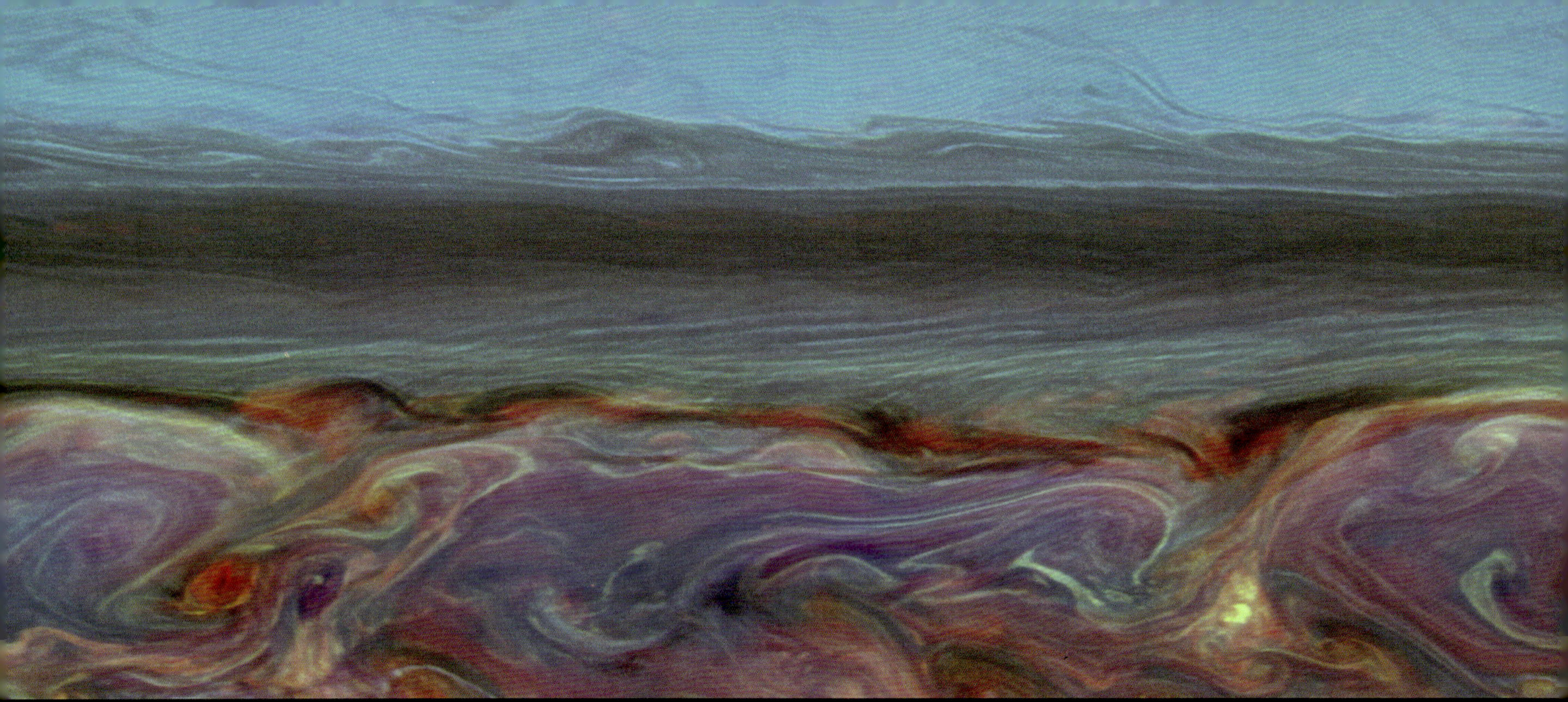

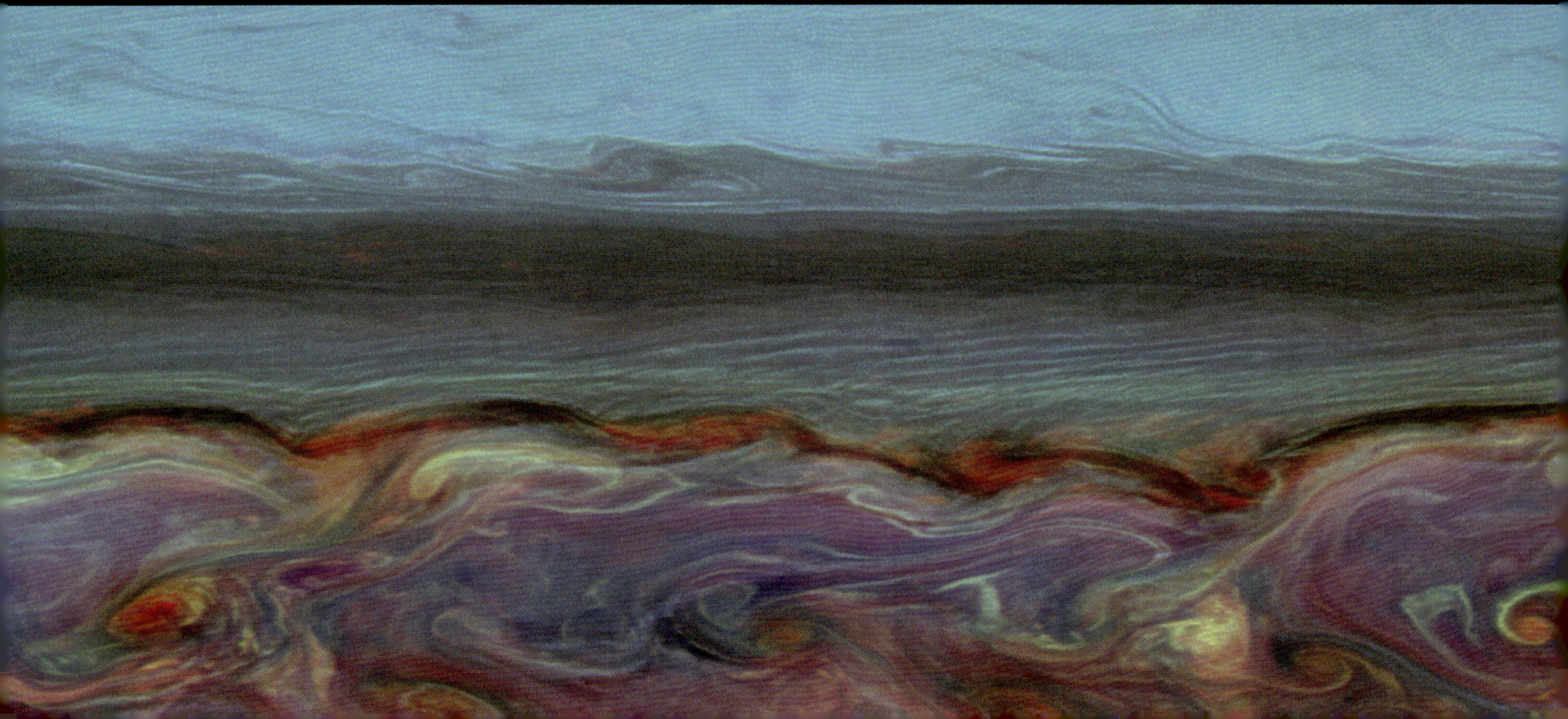

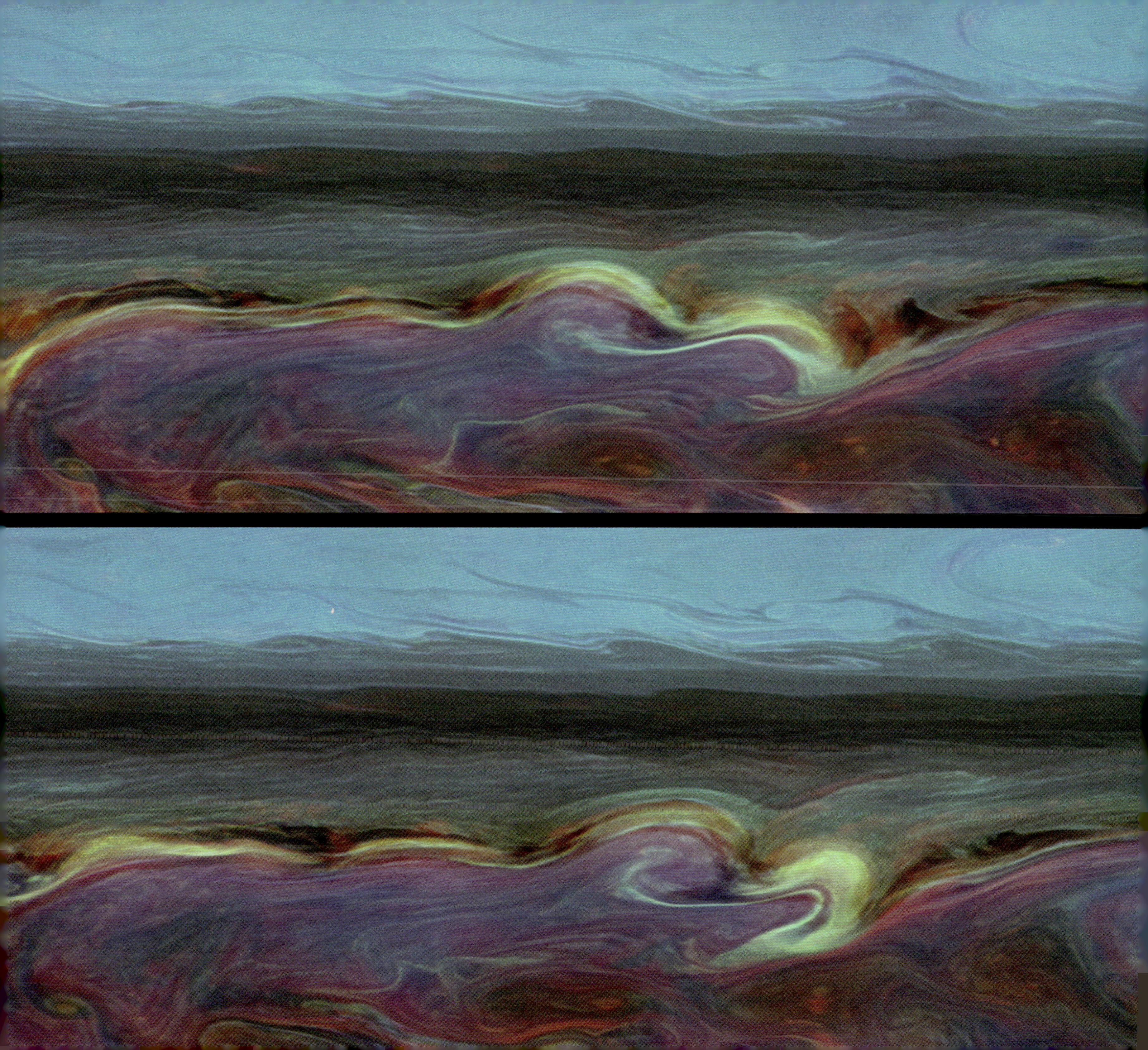

VENUS-VULKAN

Hinter dem vermeintlichen Farbklecks, der beim Wurf eines Farbbeutels auf eine Leinwand hätte entstanden sein können, verbirgt sich die Falschfarben-Radaransicht eines flachen Doppelvulkans auf der Venusoberfläche. Mit Hilfe der Synthetischen-Apertur-Radartechnik, die auch bei Erdbeobachtungssatelliten eingesetzt wird, konnte die Venussonde MAGELLAN die dichte, giftige Atmosphäre unseres Nachbarplaneten mühelos „abschälen" und so die Detailstrukturen der Venusoberfläche freilegen sowie in nie zuvor erreichter Detailfülle kartieren. Die Messungen erfassten zwischen 1990 und 1992 nicht nur die Topografie der Venus, sondern auch die Rauigkeit und Reflektivität der Venusoberfläche. Aus der Kombination dieser Daten wurden – angelehnt an die Farben, die Landesonden von der Venusoberfläche übermittelt hatten – Ansichten wie diese erstellt.

Der Vulkan Sapas Mons in der Bildmitte hat zwar einen Basisdurchmesser von rund 400 Kilometern, erhebt sich aber nur zu einer Höhe von etwa 1,5 Kilometern. Die Lavaströme an seinen Flanken erinnern an vergleichbare Erscheinungen bei großen irdischen Vulkanen wie etwa jenen auf den Hawaii-Inseln. Es wird angenommen, dass Sapas Mons entstand, als eine Magmakammer im Untergrund sich durch zahlreiche Risse im Deckgestein an die Oberfläche ergoss. Eine Kraterkette unweit des Gipfels macht deutlich, dass die Lavadecke teilweise einstürzte, nachdem der Magmazustrom versiegt war. Heute markieren die Hochplateaus der beiden Tafelberge die Gipfelhöhe. Zwei kreisrunde Einschlagkrater rechts unten sind seltene Überbleibsel einer längst vergangenen Zeit, denn die Oberfläche der Venus ist auffallend arm an größeren Einschlagkratern. Schuld daran ist ein Facelifting, das vor rund 600 Millionen Jahren begann und durch heftigen Vulkanismus für eine weitgehende Neugestaltung der Venusoberfläche sorgte und möglicherweise noch bis heute nachklingt.

OBJEKT:	**Venus**
MIN. ENTFERNUNG:	**38,2 Millionen Kilometer**
DURCHMESSER:	**12.104 Kilometer**
AUFNAHME:	**Raumsonde MAGELLAN, RDRS-Radar-System**

FEURIGE STERNGEBURTEN

Auf den ersten Blick verrät diese abstrakte Szene, die von zerfetzten, leuchtenden Wolken über einer dunklen, deformierten Landschaft beherrscht wird, nur wenig über ihre wahre Natur. Nur hier und da scheinen vereinzelt ein paar Sterne durch den Dunst – einige der jungen Bewohner des rund 7500 Lichtjahre entfernten Carina-Nebels, der zu den bekanntesten Sternentstehungsregionen der Galaxis gehört.

Die Aufnahme des HUBBLE-Weltraumteleskops erfasst nur einen winzigen Ausschnitt des riesigen Nebels, rund 20 Lichtjahre breit. Wie alle Sternentstehungsregionen ist auch der Carina-Nebel in permanenter Veränderung. Die ersten Sterne wuchsen vermutlich vor rund drei Millionen Jahren heran, und seither haben sich gleich mehrere Gruppen von neuen Sternen aus ihren schützenden Kokons befreit und zu leuchten begonnen. Die energiereiche Strahlung der hellsten dieser Sterne hat sogleich angefangen, den Nebel von innen auszuhöhlen – die dunklen Wolken am unteren Bildrand markieren den aktuellen Stand der Stoßfront, an der das Gas derzeit abgetragen wird.

Rüsselähnliche Strukturen ragen aus dem Dunst direkt oberhalb dieser Stoßfront hervor; sie enthalten dichtere Wolkenbereiche, in denen die nächsten Sterne heranreifen. Noch schützen sie mit ihren Schatten ihre Verbindung zur Basis der dunklen Wolken, dennoch sind solche „Säulen der Schöpfung" lediglich vorübergehender Natur. Wenn sie sich auflösen, bleiben die dichteren Protosterne als dunkle Globulen zurück.

OBJEKT:	**Carina-Nebel, NGC 3372**
ENTFERNUNG:	**7500 Lichtjahre**
REKTASZENSION:	**$10^h\ 45^m\ 09^s$**
DEKLINATION:	**$-59°\ 52'\ 04''$**
AUFNAHME:	**HUBBLE-Weltraumteleskop, Advanced Camera for Surveys**

PRACHTVOLLE SPIRALE

Äußerst komplex und dennoch geometrisch einfach geformt präsentiert die Galaxie Messier 74 ihre Feinstruktur aus Staubwolken, Sternhaufen und Gasnebeln. Bläulich weiße Lichtknoten verweisen auf junge Offene Sternhaufen mit den hellsten Sternen dieser Galaxie, während pinkfarbene Flecke die aktuellen Sternentstehungsregionen anzeigen. Dazwischen liefert das gemeinsame Leuchten unzähliger sonnenähnlicher Durchschnittssterne den diffusen Lichthintergrund, vor dem sich das Gerippe der dunklen, inaktiven Gas- und Staubwolken abzeichnet. Zur Mitte hin nimmt die Sterndichte stark zu, und das Licht verschmilzt zum grellen Schein der galaktischen Kernregion.

M 74 liegt etwa 32 Millionen Lichtjahre entfernt im Sternbild Fische und gilt als Musterbeispiel für eine sogenannte „Grand-Design-Spiralgalaxie". Hier wird die Spiralstruktur durch junge, helle Sternhaufen betont, deren Entstehung durch eine spiralförmige Dichtewelle angeregt wurde. Dabei handelt es sich um eine quasipermante Struktur, die entsteht, wenn die elliptischen Bahnen der Einzelsterne um das galaktische Zentrum durch Schwerkräfte in eine bestimmte Richtung gezogen werden (oft als Folge einer engen Begegnung mit einer Begleitgalaxie). Andere Galaxien, einschließlich der Milchstraße, zeigen eine deutlich komplexere Struktur. Wenn die Gezeitenkräfte zu groß werden oder zwei Galaxien regelrecht kollidieren, kann dieses Muster zerstört werden. Wenn andererseits gar keine äußeren Kräfte am Werke sind, kann sich die Dichtewelle auflösen und eine „flockige" Spiralstruktur zurücklassen, bei der Sternentstehungsgebiete auf lokal begrenzte Materieklumpen beschränkt sind.

OBJEKT:	**M 74, NGC 628**
ENTFERNUNG:	**32 Millionen Lichtjahre**
REKTASZENSION:	**$01^h\,36^m\,42^s$**
DEKLINATION:	**+15° 47′ 01″**
AUFNAHME:	**Hubble-Weltraumteleskop, Advanced Camera for Surveys**

HEIMATPLANET

Das streifend einfallende Sonnenlicht färbt das antarktische Meer zwischen Südamerika und der Antarktis auf dieser ungewöhnlichen Ansicht unseres Heimatplaneten golden. Die Aufnahme entstand während des dritten Vorbeiflugs der ESA-Raumsonde ROSETTA an der Erde im November 2009. Unser Planet zeichnet sich vor allen anderen Mitgliedern des Sonnensystems durch seinen großen Vorrat an flüssigem Oberflächenwasser aus, was zumeist mit seiner Position inmitten der habitablen Zone der Sonne erklärt wird, in der moderate Temperaturen herrschen. Doch das gemäßigte irdische Klima hängt zu einem erheblichen Teil auch mit der Größe der Erde selbst zusammen. Die Erde ist der größte feste Körper im Sonnensystem, und sie kann mit ihrer beachtlichen Schwerkraft eine schützende und wärmende Atmosphäre festhalten. Hinzu kommt, dass die Kombination aus relativ behäbiger Rotation und mäßiger Achsneigung zu einem Muster von Tag-Nacht-Wechseln und jahreszeitlichen Änderungen führt, die einen Temperaturausgleich zwischen den Polen und den äquatornahen Regionen ermöglichen.

Als Folge davon sind mehr als zwei Drittel der Erde mit tiefen Ozeanen bedeckt. Das Wasser erlaubt eine Vielfalt von Lebensformen und sorgt mit seinem ständigen Übergang zwischen festem, flüssigem und gasförmigem Zustand für eine fortwährende Neugestaltung der Erdoberfläche. Selbst bei der Wanderung der tektonischen Platten spielt Wasser als „Schmiermittel" eine wichtige Rolle und ermöglicht so auch die Neubildung von Landmassen und die Verschiebung der Kontinente, die das Antlitz der Erde stetig verändern.

Nach ihrem Start im März 2004 hat die Raumsonde ROSETTA zunächst bei mehreren Vorbeiflügen an Erde und Mars bis November 2009 zusätzlichen Schwung aufgenommen und treibt nun ihrem eigentlichen Ziel entgegen, dem Kometen 67P/Tschurjumow-Gerasimenko, den sie im Frühjahr 2014 erreichen und dann für anderthalb Jahre begleiten wird.

OBJEKT:	**Erde**
DURCHMESSER:	**12.756 Kilometer**
AUFNAHME:	**Raumsonde ROSETTA, Optical, Spectroscopic and Infrared Remote Imaging System (OSIRIS)**

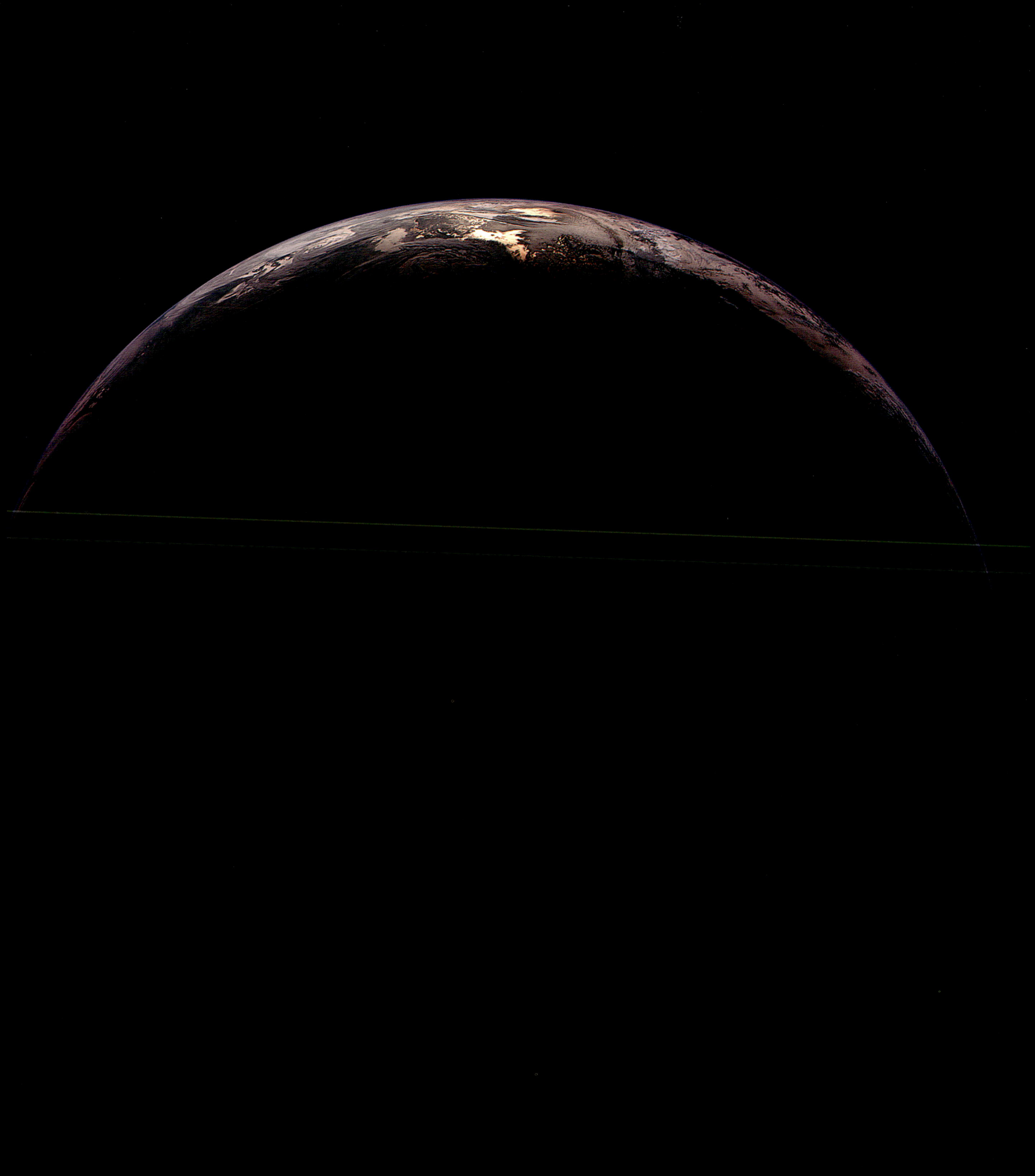

TEUFELSSPUREN

Dunkle Spuren zeichnen ein unerwartetes, fast schon kalligrafisches Muster in den Dünensand einer Marswüste. Als diese seltsamen Spuren zum ersten Mal auf den Bildern des MARS RECONNAISSANCE ORBITER entdeckt wurden, brachten sie die Forscher in Erklärungsnot. Mittlerweile weiß man, dass sie auf das Wirken sogenannter Staubteufel in der Marsatmosphäre zurückgehen.

Genau wie auf der Erde entstehen solche Staubteufel oder Miniatur-Windhosen, wenn Säulen aus warmer Luft durch kältere, bodennahe Luftschichten aufsteigen. Unter passenden Bedingungen werden diese Luftsäulen in Rotation versetzt und können dann heranwachsen, bis sie sich zu ausdauernden Wirbelwinden entwickelt haben, die lose umherliegendes Material aufwirbeln. Auf der Erde werden Staubteufel selten größer als ein paar Meter und bleiben in der Regel harmlos, doch in der dünnen Marsatmosphäre können sie viel größer werden und wesentlich höhere Geschwindigkeiten erreichen. Weil darüber hinaus der Marsstaub viel feiner ist als gewöhnliches Erdreich, können Staubteufel auf dem roten Planeten große Mengen an Oberflächenmaterial davontragen und so das darunterliegende dunkle Gestein zutage fördern. Dieser Prozess ist inzwischen sowohl vom Marsboden als auch aus der Umlaufbahn fotografiert worden.

2005 leistete ein vorüberziehender Staubteufel den Raumfahrtingenieuren der NASA unerwartete Hilfe, als er die Sonnenkollektoren des Mars Exploration Rovers SPIRIT von abgelagertem Staub befreite und so dessen Energieversorgung stärkte. Andererseits müssen die Missionsplaner aber auch die Möglichkeit einer Begegnung mit einem wirklich heftigen Staubteufel einkalkulieren, der die Rover ernsthaft in Gefahr bringen könnte.

OBJEKT:	**Mars**
MIN. ENTFERNUNG:	**55,6 Millionen Kilometer**
DURCHMESSER:	**6792 Kilometer**
AUFNAHME:	**Raumsonde MARS RECONNAISSANCE ORBITER, High-Resolution Imaging Science Experiment**

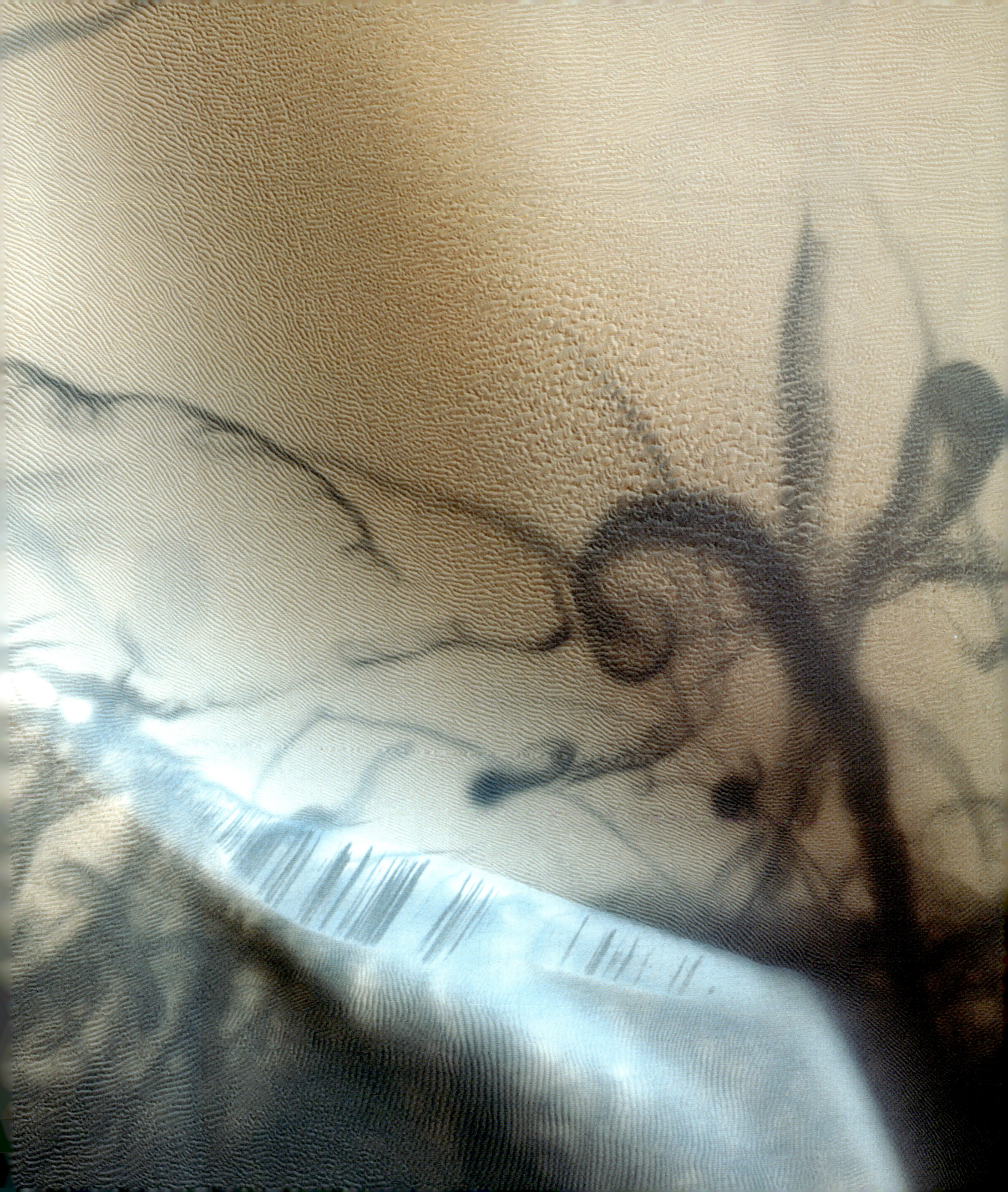

STERNENNEST

Wie ein glitzerndes Feuerwerk im All erscheint der Offene Sternhaufen NGC 3603 auf dieser Aufnahme des HUBBLE-Weltraumteleskops vor dem Hintergrund der Reste jenes Gasnebels, aus dem er selbst entstanden ist. Der Sternhaufen liegt rund 20.000 Lichtjahre entfernt im Carina-Spiralarm der Milchstraße. Er zählt zu den dichtest gepackten Exemplaren seiner Art und enthält einige der hellsten Sterne der Galaxis. Als der britische Astronom John Herschel ihn 1834 während seiner Beobachtungen des südlichen Himmels von Südafrika aus entdeckte, hielt er ihn zunächst für einen kugelförmigen Sternhaufen. Der umgebende Gasnebel ist ebenfalls eindrucksvoll, auch wenn er gegenüber dem wesentlich helleren – weil näheren – Carina-Nebel (siehe Seite 64) verblasst: In Wirklichkeit stellt er aber die größte bekannte Sternentstehungsregion innerhalb der Milchstraße dar. Der hier gezeigte Ausschnitt umfasst lediglich den zentralen Bereich von etwa 17 Lichtjahren Durchmesser.

Im Zentrum des Haufens stehen die Sterne so dicht, dass man sie optisch nicht voneinander trennen kann. Andere Messmethoden haben jedoch gezeigt, dass NGC 3603 einige bemerkenswerte Sterne beherbergt. Das NGC-3603-A1-System zum Beispiel ist ein blaues Doppelsternpaar, dessen massereichere Komponente mit 116-facher Sonnenmasse der massereichste bekannte Stern der Galaxis ist; aber auch sein Begleiter ist mit geschätzten 89 Sonnenmassen ein Schwergewicht. Wahre Strahlungsstürme dieser furchterregenden Sternmonster haben bereits eine riesige Höhle in den umgebenden Nebel gefressen, und die damit verbundenen Stoßfronten dürften weitere Sternentstehungswellen in dieser Region auslösen.

OBJEKT:	**NGC 3603**
ENTFERNUNG:	**20.000 Lichtjahre**
REKTASZENSION:	**$11^h\ 15^m\ 09^s$**
DEKLINATION:	**–61° 16′ 17″**
AUFNAHME:	**HUBBLE-Weltraumteleskop, Advanced Camera for Surveys**

SATELLITENKARTE

Diese besondere Form der Kartenprojektion verleiht der chaotischen Oberfläche von Ganymed, dem größten Jupitermond und zugleich größten Trabanten im Sonnensystem, eine Ordnung der besonderen Art. Kartenprojektionen sind der Versuch, eine gekrümmte Fläche mit möglichst wenigen Verzerrungen in einer Ebene darzustellen. Diese Form hier verbindet die traditionelle Mercator-Projektion für äquatornahe Regionen (im Bild die einzelnen Außenflügel) mit einer flächentreuen Projektion der Nordpolarregion, um Winkel und Flächen möglichst wenig zu verfälschen.

Ganymed ist eine eisige, faszinierende Welt, die sogar den Planeten Merkur an Größe übertrifft. Obwohl seine grau gefleckte Oberfläche weit weniger spektakulär erscheint als die Vulkanlandschaften von Io oder die gleißend hellen Eisfelder von Europa, lässt auch sie auf eine komplexe und aktive Vergangenheit schließen. So dürfte Ganymed früher wesentlich stärkeren Gezeitenkräften ausgesetzt gewesen sein als heute, was dazu führte, dass Teile der alten, von Kratern zernarbten Kruste abtauchten, während frisches Eis von unten nachrückte und die Lücken auffüllte. Reste der damals vorhandenen inneren Wärme könnten auch heute noch einen dünnen Salzwasser-Ozean unter der Kruste von Ganymed möglich machen.

OBJEKT:	**Jupitermond Ganymed**
MIN. ENTFERNUNG:	**588 Millionen Kilometer**
DURCHMESSER:	**5262 Kilometer**
AUFNAHME:	**Raumsonde GALILEO, Solid-State Imager**

➤ RECHTS

DER GROSSE ROTE FLECK

Die umherwirbelnden Wolken der Jupiteratmosphäre erscheinen auf dieser atemberaubenden Aufnahme der VOYAGER-Sonde wie dick aufgetragene Ölfarbenschichten auf der darunterliegenden Leinwand der Atmosphäre. Kilometertiefe „Canyons" umgeben das zentrale Plateau des Großen Roten Flecks (GRF), eines gewaltigen Wirbelsturms, der groß genug wäre, um die ganze Erde einzuhüllen. Unterdessen scheinen die ihn umströmenden Wolken auf der einen Seite schnell vorbeizuschießen, auf der anderen Seite dagegen zu endlosen Wirbeln verdrillt.

Der GRF ist die bekannteste Formation in der Jupiteratmosphäre. Rund 20 Grad südlich des Äquators driftet er als gewaltiges Hochdruckgebiet, das sich etwa acht Kilometer über die umgebenden Wolken erhebt, langsam durch die Atmosphäre. Dabei zieht er Material aus tiefer liegenden Schichten nach oben, das durch den damit verbundenen Temperaturwechsel kondensiert und dabei auch die Farbe wechselt. Deren Intensität variiert mit der Zeit, und gelegentlich verblasst der Fleck nahezu vollständig, sodass nur eine Bucht im umgebenden Wolkenband seine Position verrät. Beobachtungen der letzten Jahre lassen vermuten, dass er seine Energie aus der Verschmelzung mit kleineren Sturmwirbeln bezieht.

OBJEKT:	**Jupiter**
MIN. ENTFERNUNG:	**588 Millionen Kilometer**
DURCHMESSER:	**142.984 Kilometer**
AUFNAHME:	**Raumsonde VOYAGER 1, Imaging Science Subsystem**

➤➤ NÄCHSTE DOPPELSEITE

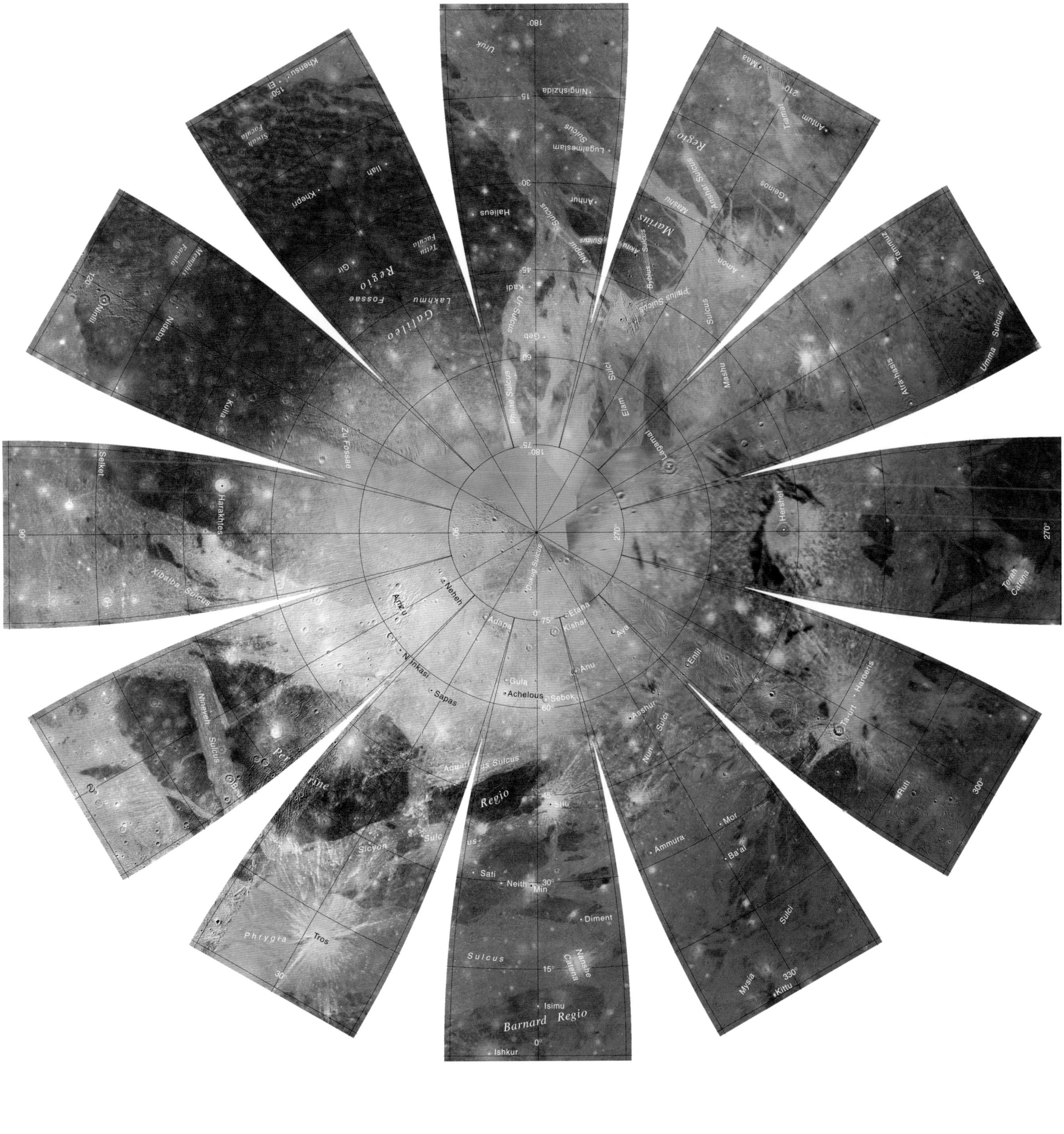

Uruk
Ningishzida
Lugalmeslam Sulcus
Anhur
Haileus
Nippur Sulcus
Kadi
Ur Sulcus
Geb
Philae Sulcus
Khensu
El
Siwah Facula
Ilah
Khepri
Tettu Facula
Gir
Galileo Regio
Lakhmu Fossae
Memphis Facula
Ninlil
Nidaba
Kulla
Zu Fossae
Selket
Harakhtes
Xibalba Sulcus
Maa
Tiamat
Antum
Anshar Sulcus
Geinos
Mashu Sulcus
Marius Regio
Amon
Philus Sulcus
Tammuz
Mashu Sulci
Umma Sulcus
Atra-hasis
Elam
Lagamal
Hershef
Terah Catena
Dukug Sulcus
Neheh
Anzu
Adapa
Etana
Kishar
Aya
Enlil
Anu
Gula
Achelous
Sebek
Ninkasi
Sapas
Asshur
Nun Sulci
Haroeris
Tacurt
Ruti
Nineveh Sulcus
Aquarius Sulcus
Regio
Shu
Sicyon
Sati
Neith
Min
Diment
Ammura
Mor
Ba'al
Sulci
Phrygia
Tros
Sulcus
Nanshe Catena
Isimu
Barnard Regio
Ishkur
Mysia
Kittu

SEEPFERDCHEN

Die zarten Dunkelwolken, die sich gegen den geheimnisvollen Hintergrund aus Blau- und Grüntönen abheben, erinnern an umhertanzende Seepferdchen. In Wirklichkeit handelt es sich aber um ausgewachsene „Säulen der Schöpfung", die – viele Lichtjahre lang – aus der bewegten „Landschaft" einer dichteren Gaswolke von rund 100 Lichtjahren Durchmesser herausragen, die ihrerseits Teil einer der größten und aktivsten Sternentstehungsregionen in unserer kosmischen Nachbarschaft ist. Dieser Nebel mit der Katalognummer NGC 2074, liegt am Rande des viel größeren Tarantelnebels in der Großen Magellanschen Wolke, einer Satellitengalaxie der Milchstraße in rund 170.000 Lichtjahren Entfernung.

Jede dieser dunklen Ranken wird durch die Schwerkraft der darin verborgenen Protosterne zusammengehalten, rasch kollabierende Gas- und Staubkonzentrationen, die schon bald als neue Sterne zünden und sich dann aus ihrem umgebenden Kokon befreien werden. Um sie herum wird das dünnere Gas durch die extreme Ultraviolettstrahlung bereits fertiger Sterne auseinandergetrieben, die über den gesamten Nebel verstreut sind. Diese Strahlung regt auch die Atome des Gases zu eigenem Leuchten an, wobei die Wellenlänge (Farbe) dieser angeregten Strahlung von den jeweiligen Atomsorten abhängt. In diesem Foto, das mit dem HUBBLE-Weltraumteleskop mit speziellen, auf die angeregte Strahlung zugeschnittenen Filtern aufgenommen wurde, zeigt die rote Farbe die Anwesenheit von Schwefel an, blau verweist auf Sauerstoff und das grüne Licht geht auf Wasserstoffgas zurück.

OBJEKT:	**NGC 2074**
ENTFERNUNG:	**170.000 Lichtjahre**
REKTASZENSION:	**$05^h\ 39^m\ 03^s$**
DEKLINATION:	**–69° 29′ 38″**
AUFNAHME:	**HUBBLE-Weltraumteleskop, Wide Field and Planetary Camera 2**

BLAUER MOND

Der Saturnmond Dione hebt sich auf dieser kontrastverstärkten Farbaufnahme der CASSINI-Raumsonde in bizarrer Weise vor dem samtschwarzen Hintergrund des Weltraums ab. Dabei blicken wir auf die vorauseilende Hemisphäre des Mondes. Wie der Erdmond und die meisten Monde im Sonnensystem zeigt auch Dione eine gebundene Rotation, die ebenso dazu führt, dass stets die gleiche Hälfte in Bewegungsrichtung vorne liegt, die andere dagegen rückwärts „blickt".

Ähnlich den meisten anderen Saturnmonden besteht auch Dione aus einer Mischung aus Eis und Gestein. Dies führt zu einer „weichen" Oberfläche, die ein allmähliches Einebnen von Höhenunterschieden fördert. Dadurch sind alte Krater weitgehend versunken und nur vergleichsweise junge Krater noch erhalten. Interessanterweise ist die nachfolgende Hemisphäre von Dione stärker von Kratern gezeichnet als die vorauseilende – im Gegensatz zu dem, was man erwarten würde. Vielleicht wurde Dione durch heftigere Einschläge in der Vergangenheit um 180 Grad gedreht. An zahlreichen Stellen scheinen Krater zumindest teilweise durch austretendes frisches Eis aus größerer Tiefe zugedeckt worden zu sein. Nahe der Tag-Nacht-Grenze lässt das schräg auftreffende Sonnenlicht lange, parallele Faltungen durch ihre Schatten hervortreten – Strukturen, die die andere Hälfte des Mondes dominieren. Als die VOYAGER-Sonden diese Geländeform Anfang der 1980er-Jahre aus der Ferne fotografierten, wurde für sie der Begriff „wispy terrain" (Gebiet mit dünner Kruste) geprägt.

OBJEKT:	**Saturnmond Dione**
MIN. ENTFERNUNG:	**1,2 Milliarden Kilometer**
DURCHMESSER:	**1122 Kilometer**
AUFNAHME:	**Raumsonde CASSINI, Imaging Science Subsystem**

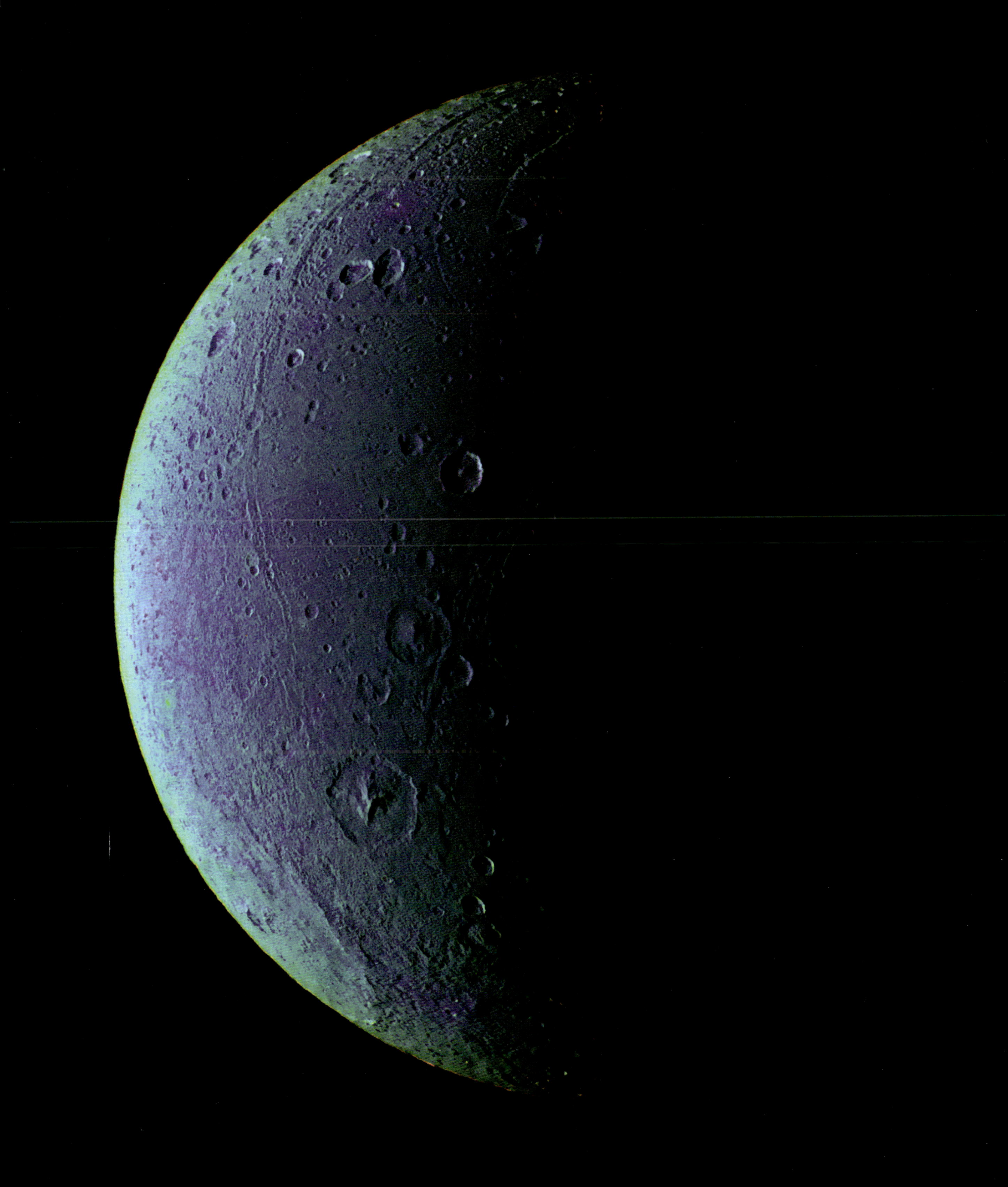

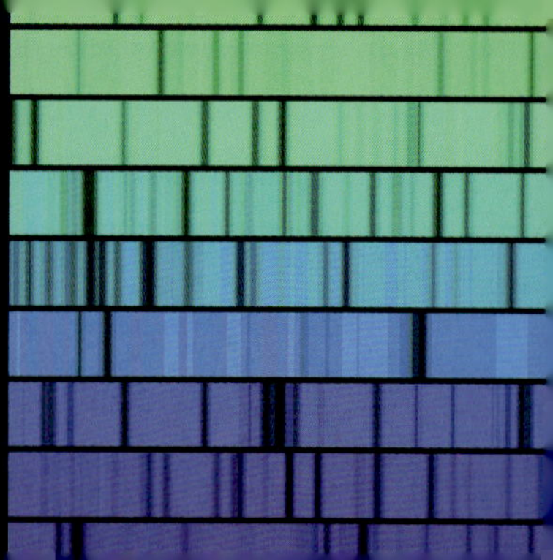

LICHT UND SCHATTEN 3

SATURNS BLAUE STUNDE

Zahllose Ringe des Saturn werfen ihre Schatten auf die nördliche Hemisphäre des Planeten. Von der Erde aus erscheinen die Ringe viergeteilt, und jeder Bereich wurde mit einem Buchstaben benannt. In Wirklichkeit handelt es sich aber um unzählige Einzelringe, die ihrerseits aus Myriaden kleiner und kleinster Brocken bestehen, von denen jeder auf einer eigenen Bahn um den Saturn kreist. Dort, wo solche Teilchen von ihrem Kurs abweichen (etwa durch die störende Schwerkraft eines weiter außen vorbeiziehenden Mondes), werden sie durch Kollisionen mit ihren Nachbarn gleich wieder „zurückgepfiffen", sodass nach außen hin ein Bild harmonischer Ruhe entsteht. Das unterschiedliche Aussehen einzelner Ringbereiche geht auf verschiedene Partikelgröße, -zahl und -zusammensetzung zurück.

Das Bild entstand im Mai 2005, als der Planet und seine Ringe mitten im Hochsommer der Südhalbkugel von rechts unten beleuchtet wurden. Entsprechend liegt die sichtbare Oberseite der Ringe im Halbdunkel, und die Ringschatten treten prominent hervor: Von unten nach oben sind dies die Schatten der halbtransparenten D- und C-Ringe, des dichten B-Rings und des etwas lichtdurchlässigeren A-Rings. Zwischen den beiden Letztgenannten klafft die breite Cassini-Teilung. Im Bereich der Ringschatten erscheint die Saturnkugel nach Norden hin zunehmend blauer. Dies liegt zum einen an dem streifenden Lichteinfall in hohen Breiten, zum anderen daran, dass das Sonnenlicht beim Durchgang durch die Ringebene deutlich gefiltert wird.

OBJEKT:	**Saturn**
MIN. ENTFERNUNG:	**1,2 Milliarden Kilometer**
DURCHMESSER:	**120.536 Kilometer**
AUFNAHME:	**Raumsonde Cassini, Imaging Science Subsystem**

DÜNEN AUF DEM MARS

Ein fremdartiges Muster aus komplexen Sandformationen prägt die Landschaft dieses Kraterbodens in der Region Noachis Terra der südlichen Marshemisphäre. Während die Nordhälfte des Mars von weiten Tiefebenen geprägt ist, findet man auf der Südhalbkugel recht chaotisch erscheinende und von vielen Kratern zernarbte Hochlandregionen, die vermutlich wesentlich älter als die nördlichen Tiefländer sind. Vom Wind verwehter Sand sammelt sich in den Kratersenken und wird dort durch stetig wechselnde Windrichtungen zu immer neuen Mustern aufgetürmt.

Das Bild zeigt einen nur etwa einen Quadratkilometer großen Ausschnitt mit zahllosen kleinen, sichelförmigen Dünen am Fuße der größeren Hügel, die vielerorts durch eher gerade Rippen untereinander verbunden sind. Solche komplexen Strukturen treten in irdischen Wüstengebieten nicht auf, doch zeigen neuere Modellrechnungen, dass sie möglicherweise mit der geringen Größe der Sandkörner auf dem Mars zusammenhängen, die typischerweise vergleichbar mit der von gewöhnlichem Hausstaub ist.

OBJEKT:	**Mars**
MIN. ENTFERNUNG:	**55,6 Millionen Kilometer**
DURCHMESSER:	**6792 Kilometer**
AUFNAHME:	**Raumsonde MARS RECONNAISSANCE ORBITER, High-Resolution Imaging Science Experiment**

➤ RECHTS

ZIRRUSNEBEL

Vor mehr als 5000 Jahren explodierte im Sternbild Schwan rund 1500 Lichtjahre entfernt ein massereicher Stern. Heute verteilen sich die zerfetzten Reste dieser Explosionswolke über ein Gebiet von rund 70 Lichtjahren Durchmesser und erscheinen am irdischen Himmel etwa sechsmal größer als der Vollmond.

Der gesamte Supernova-Überrest wird als Zirrusnebel bezeichnet, und dieser hellste Bereich trägt den Beinamen „Hexenbesen". Hier erscheint leuchtendes Gas wie Brandungswellen vor dem sternreichen Hintergrund der Milchstraße. Diese Wellen entstehen durch die Wirkung einer unsichtbaren Stoßfront, die sich noch immer mit großer Geschwindigkeit durch das interstellare Medium ausbreitet. Dieses wird dadurch schneepflugähnlich aufgetürmt und auf genügend hohe Temperaturen aufgeheizt, um selbst zu leuchten. Der helle Stern nahe der Bildmitte wird in den Katalogen als 52 Cygni geführt; mit einer Entfernung von nur 200 Lichtjahren steht er weit im Vordergrund.

OBJEKT:	**Zirrusnebel, NGC 6960**
ENTFERNUNG:	**1500 Lichtjahre**
REKTASZENSION:	**$20^h 45^m 40^s$**
DEKLINATION:	**+30° 43′ 11″**
AUFNAHME:	**Kitt Peak National Observatory, WIYN-0,9-m-Teleskop**

➤➤ NÄCHSTE DOPPELSEITE

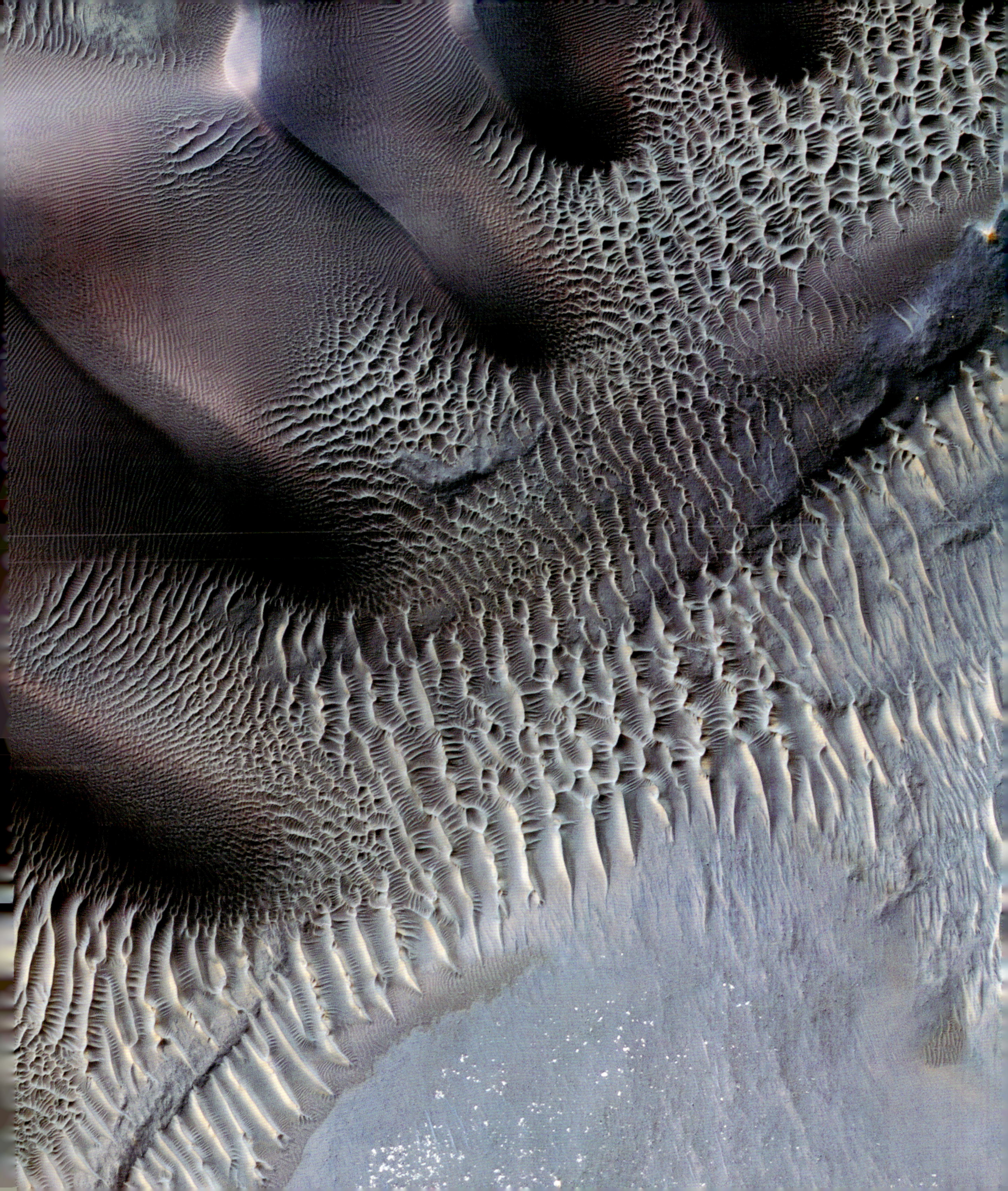

ÜBER DEM MONDPOL

Die flimmernde Hitze der sonnenbeschienenen Tagseite des Mondes geht am Terminator in die eisige Kälte der dunklen Nachtseite über. Während des über zwei Wochen dauernden Mondtages steigt die Temperatur an der Oberfläche auf mehr als 120 Grad Celsius an, während der ebenso langen Nacht sinkt sie auf rund –170 Grad Celsius ab. Die Licht-Schatten-Grenze bewegt sich einmal im Monat über die atmosphärelose Kraterlandschaft des Erdtrabanten hinweg und streift dabei stets auch die Nordpolregion, die hier 1992 in einer atemberaubenden Aufnahme von der Jupitersonde GALILEO erfasst wurde.

Aus der Position von GALILEO liegen die uns so vertrauten Mondmeere – weite Ebenen aus erstarrter Lava – jenseits des oberen Bildrandes, während die stark zerkraterte Nordpolregion die Bildmitte erfüllt und das von uns aus gesehen randnah erscheinende Mare Humboldtianum links unten zu erkennen ist. Der Mondpol selbst liegt in der Dunkelheit verborgen, die den Boden des Kraters Peary erfüllt.

Eine Besonderheit der Mondbahn führt dazu, dass die Mondoberfläche kaum jahreszeitlichen Schwankungen unterliegt, und so werden die Polregionen des Erdtrabanten immer nur streifend vom Sonnenlicht getroffen. Dadurch können tiefliegende Kraterböden dort permanent im Schatten ihrer Kraterränder versinken. Manche Beobachtungen deuten darauf hin, dass dort – vor allem in der Region des Mondsüdpols – größere Eislagerstätten verborgen sind. Dabei könnte es sich um Eismassen handeln, die beim Einschlag von Kometen auf die Mondoberfläche gelangt sind.

OBJEKT:	**Mond**
MITTL. ENTFERNUNG:	**384.400 Kilometer**
DURCHMESSER:	**3476 Kilometer**
AUFNAHME:	**Raumsonde GALILEO, Solid-State Imager**

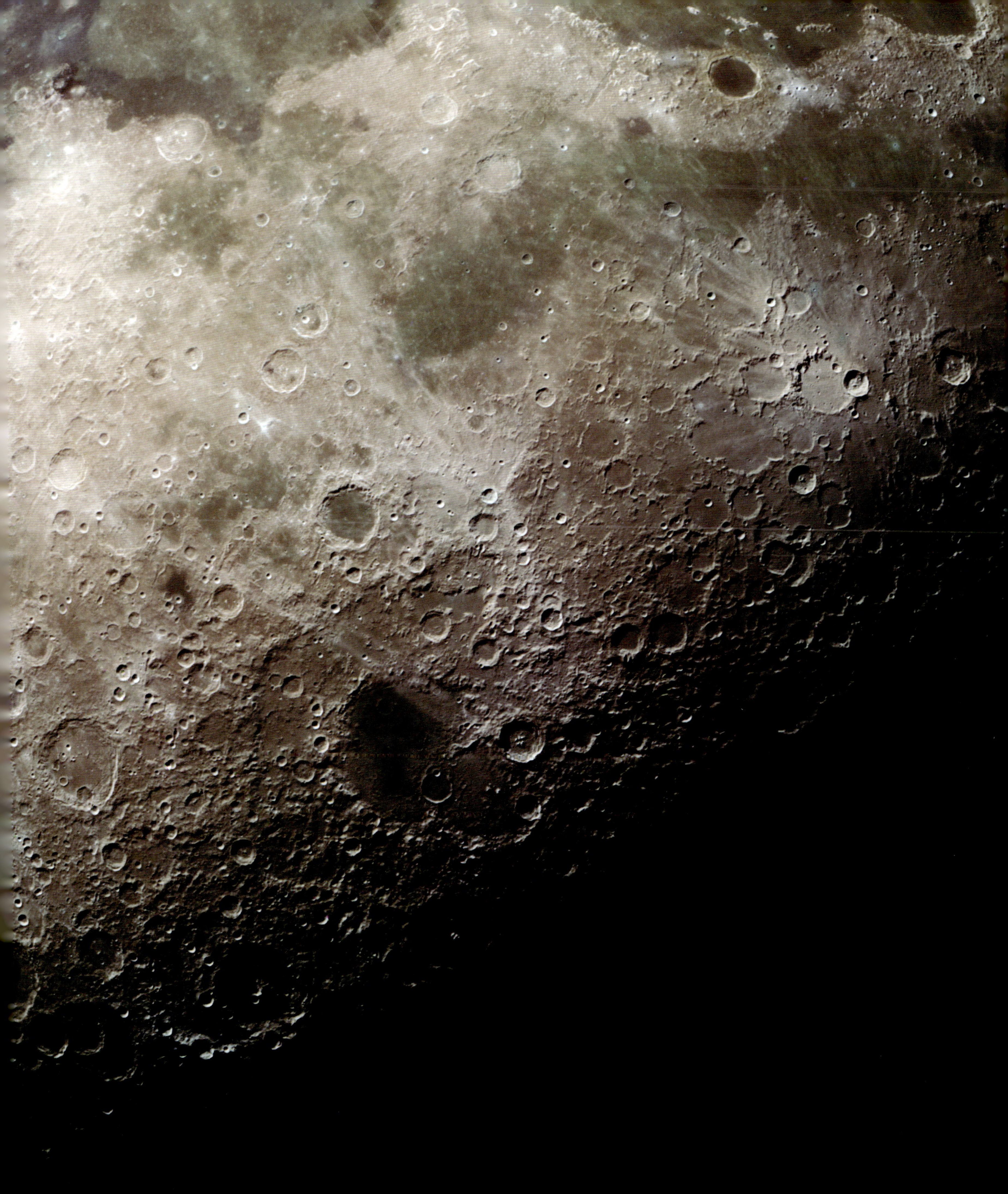

DUNKLE MONDSPUR

An die Rillen einer alten Schallplatte erinnert diese ungewöhnliche Langzeitbelichtung des Himmels, die den vollständigen Ablauf einer Mondfinsternis wiedergibt. Bei einem solchen Spektakel wandert der Vollmond innerhalb weniger Stunden durch den Schatten der Erde. Aufgrund der Erddrehung sind die Sterne und der Mond zu langen Leuchtbögen verzerrt, dabei dokumentiert die zunächst abnehmende und dann wieder zunehmende Breite der Mondspur den Verlauf der Finsternis.

Während einer solchen Finsternis wird der Vollmond nur selten völlig unsichtbar – die Erdatmosphäre lenkt einen Teil der an ihrem Rand auftreffenden Sonnenstrahlung in den Schatten ab und taucht den Mond dort meist in ein fahles Licht. Und weil blaue Strahlen stärker gestreut werden als rote, bleibt mehr rotes Licht übrig; der Mond bekommt dann einen rötlichen bis bronzeähnlichen Farbton. Nur wenn – etwa nach heftigen Vulkanausbrüchen – große Mengen an Staub in der Hochatmosphäre schweben, kann der verfinsterte Mond recht dunkel werden.

Betrachtet man alle Finsternisarten zusammen, so treten Sonnen- und Mondfinsternisse annähernd gleich häufig auf. Weil aber Mondfinsternisse überall dort beobachtet werden können, wo der Mond zum Zeitpunkt der Finsternis über dem Horizont steht, sind sie scheinbar deutlich häufiger als Sonnenfinsternisse.

OBJEKT:	**Mond**
MITTL. ENTFERNUNG:	**384.400 Kilometer**
DURCHMESSER:	**3476 Kilometer**
AUFNAHME:	**Amateur-Instrumente (5 Stunden Belichtungszeit)**

SONNENSPEKTRUM

Dieses ungewöhnliche Regenbogenmuster ist ein chemischer Fingerabdruck der Sonne. Dazu wurde das Sonnenlicht mit einem Spektrometer am National Solar Observatory auf dem Kitt Peak in Arizona in seine einzelnen Wellenlängen aufgefächert, von den kürzesten im violetten Bereich (unten) bis zu den längsten sichtbaren Wellenlängen im roten Bereich (oben).

Der britische Naturforscher Isaac Newton hatte dieses Experiment erstmals mit Hilfe eines Glasprismas um 1670 durchgeführt und dabei bemerkt, dass das scheinbar weiße Licht der Sonne in Wirklichkeit aus einer Vielzahl unterschiedlicher Farben zusammengesetzt ist. Anderthalb Jahrhunderte später entdeckte der deutsche Optiker Joseph Fraunhofer zahlreiche dunkle Linien im Sonnenspektrum. Zu ihrer Untersuchung verwandte er ein Beugungsgitter mit vielen parallelen Schlitzen, mit dessen Hilfe das Spektrum viel breiter aufgefächert werden kann als mit einem Glasprisma. Er nahm an, dass diese dunklen Linien durch Absorption von Licht bei den entsprechenden Wellenlängen verursacht würden.

Um 1860 fanden Robert Bunsen und Gustav Kirchhoff, dass bei der Verbrennung von Chemikalien Licht der gleichen Wellenlängen ausgesandt wird, das diese Gase aus Weißlicht herausfiltern und absorbieren. So konnten sie jedem bekannten Element ein charakteristisches Linienmuster zuordnen, das – wie sich später herausstellte – Rückschlüsse auf die atomare Struktur erlaubte. Das war die Geburtsstunde der Spektroskopie, der chemischen Analyse eines Himmelsobjektes anhand seines Spektrums.

OBJEKT:	**Sonne**
MITTL. ENTFERNUNG:	**149,6 Millionen Kilometer**
DURCHMESSER:	**1,392 Millionen Kilometer**
AUFNAHME:	**Kitt Peak National Solar Observatory, McMath-Pierce Solar Facility**

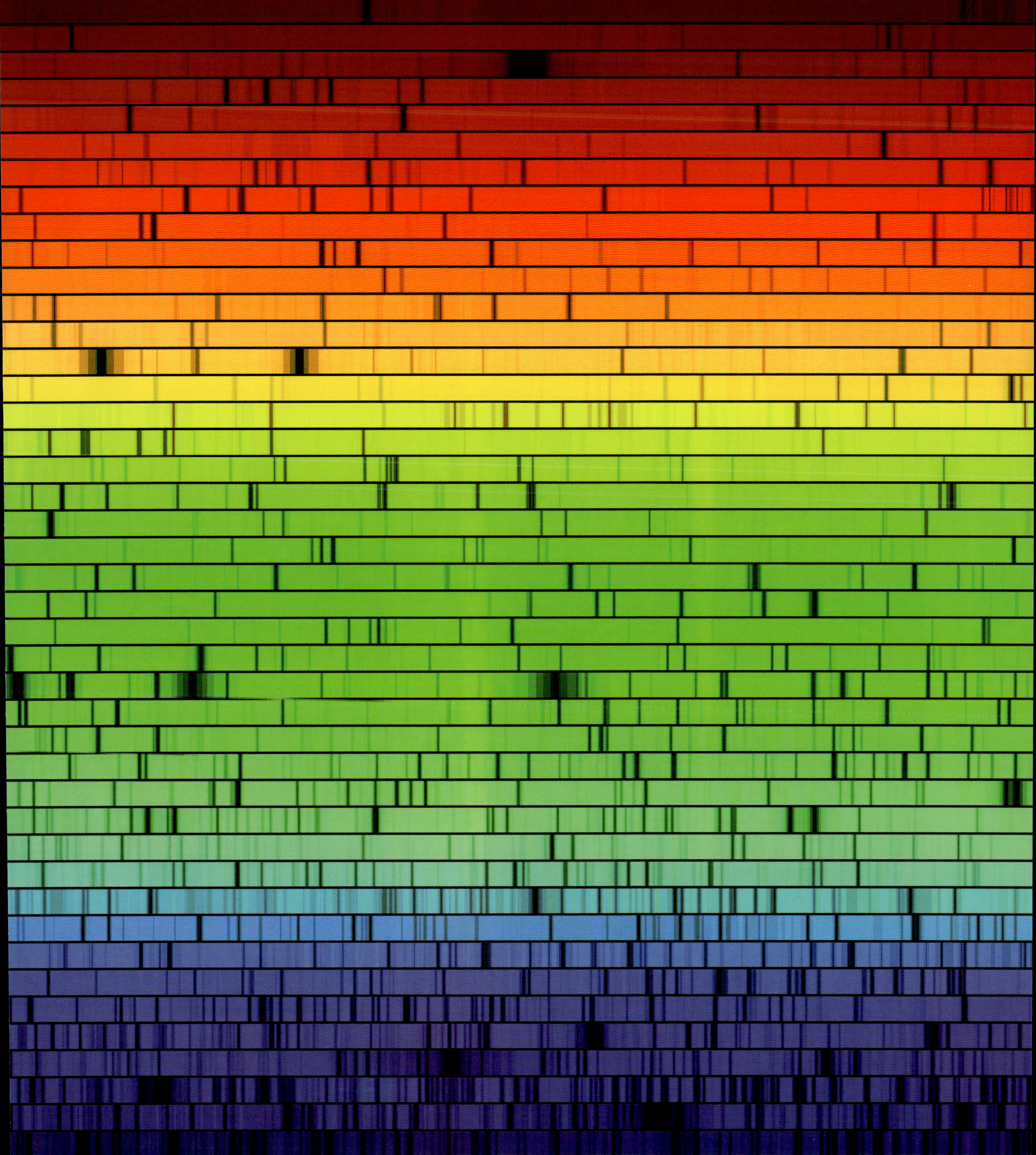

ERBLÜHENDER NEBEL

Der Große Orion-Nebel erscheint auf dieser Aufnahme des HUBBLE-Weltraumteleskops wie eine erblühende Knospe und verleiht dem Bild dadurch einen besonders ästhetischen Reiz. Er ist einer der hellsten Nebel am irdischen Himmel und von einem dunklen Standort aus im Schwertgehänge des Orion mit bloßem Auge zu erkennen. Das HUBBLE-Weltraumteleskop enthüllt seine Doppelnatur, bestehend aus dem großen, blütenähnlichen Messier 42 und dem kleineren, nahezu runden Messier 43 (links oben). Beide Nebel sind rund 1500 Lichtjahre von uns entfernt. Für dieses Mosaik haben die Wissenschaftler Daten aus 520 einzelnen Bildern in fünf verschiedenen Wellenlängenbereichen zusammengefügt einschließlich dem Infrarotbereich, der auch Objekte erfasst, die zu kalt sind, um im sichtbaren Licht zu leuchten.

Im Zentrum von M 42 steht eine bekannte Gruppe junger Sterne, deren vier hellste Mitglieder das namensgebende Trapez formen. Die Strahlung dieser Sterne beleuchtet das Innere der inzwischen teilweise ausgehöhlten Sternentstehungsregion, sowohl durch reflektiertes Licht (in verschiedenen Blautönen) als auch durch angeregte Strahlung (dort, wo pinkfarbene Bereiche im Ultraviolettlicht fluoreszieren). Heftige Sternwinde höhlen die Gaswolke unterdessen weiter aus und lassen so die Strukturen im Umfeld des Sternhaufens entstehen. Rote Sternpunkte im unteren Bereich des Nebels sind leichtgewichtige Braune Zwerge, die nicht heiß genug sind, um im sichtbaren Licht aufzufallen. Am rechten Rand lassen junge Sterne, die den Nebel bereits verlassen, leuchtende Stoßfronten entstehen, wo ihre eigenen Sternwinde mit der umgebenden interstellaren Materie kollidieren.

OBJEKT:	**Orion-Nebel, M 42**
ENTFERNUNG:	**1500 Lichtjahre**
REKTASZENSION:	**$05^h\ 35^m\ 17^s$**
DEKLINATION:	**−05° 23′ 28″**
AUFNAHME:	**HUBBLE-Weltraumteleskop, Advanced Camera for Surveys**

STRUDELGALAXIE

Die klare, klassische Spiralstruktur der berühmten Strudelgalaxie wird durch die pinkfarbenen Sternentstehungsregionen und die bläulich leuchtenden Offenen Sternhaufen betont. Messier 51 – so die offizielle Bezeichnung – zählt zu den hellsten und ausgeprägtesten Spiralgalaxien am irdischen Himmel. Sie ist rund 31 Millionen Lichtjahre entfernt im Sternbild Jagdhunde unweit des Großen Wagens zu finden.

Das vom HUBBLE-Weltraumteleskop aufgenommene Foto enthüllt die wahre Komplexität der Strudelgalaxie und ihre Beziehung zu der benachbarten kleineren Galaxie NGC 5195. Lange Zeit hatten die Astronomen angenommen, dass die kleinere Galaxie mit der größeren kollidiere und direkt mit ihr über den langgezogenen Spiralarm verbunden sei. Inzwischen ist aber deutlich geworden, dass NGC 5195 hinter der Strudelgalaxie herzieht. Trotzdem übt sie einen nennenswerten Einfluss aus, denn ihre Schwerkraft provoziert eine spiralförmige Dichtewelle ähnlich dem temporären Stau auf einer Straße, der durch ein langsamer fahrendes Gefährt ausgelöst wird. Gas- und Staubwolken werden auf dem Weg durch diese Region verdichtet, was zur Bildung neuer Sternentstehungsgebiete führt und in zahllosen neuen Offenen Sternhaufen endet, welche ihrerseits die Spiralstruktur der Galaxie unterstreichen. Noch ehe diese Haufen den Bereich der Dichtewelle verlassen, sind die hellsten Sterne bei Supernova-Explosionen erloschen, während sich die durchschnittlicheren Mitglieder über die anderen Gebiete der Galaxie verteilen.

OBJEKT:	**Strudelgalaxie, M 51**
ENTFERNUNG:	**31 Millionen Lichtjahre**
REKTASZENSION:	**$13^h\ 29^m\ 53^s$**
DEKLINATION:	**+47° 11′ 41″**
AUFNAHME:	**HUBBLE-Weltraumteleskop, Advanced Camera for Surveys**

PFERDEKOPFNEBEL

Die markante Silhouette eines Pferdekopfes, die eine dunkle Staubwolke gegen einen Vorhang aus glühendem Gas im Hintergrund zeichnet, bildet den unübersehbaren Mittelpunkt dieser kosmischen Nebelschwaden in der Umgebung des Orion-Gürtels. Der Pferdekopf ist der berühmteste Dunkelnebel, doch die charakteristischen Umrisse einer Schachfigur sind nur eine vorübergehende Episode in seiner Geschichte. Der Nebel liegt rund 1500 Lichtjahre entfernt und hat im Kopfbereich einen Durchmesser von etwa zwei Lichtjahren. Wie in anderen „Säulen der Schöpfung“ (siehe z. B. Seite 108) entstehen auch hier durch Kontraktion von Gaswolken neue Sterne.

Hinter dem Pferdekopf liegt der schwach leuchtende Emissionsnebel IC 434. Er besteht vornehmlich aus Wasserstoff, der durch die Ultraviolettstrahlung des nahen, hellen Sterns Sigma Orionis zur Fluoreszenzstrahlung angeregt wird. Das Streifenmuster in diesem Hintergrundleuchten wird durch das schwache Magnetfeld der Milchstraße verursacht. Ganz links auf dem Bild leuchtet der helle Stern Alnitak, und darunter erkennt man den Flammennebel NGC 2024, der im sichtbaren Licht deutlich anders erscheint als im Infrarotbereich (siehe Seite 26).

OBJEKT:	**Pferdekopfnebel, B 33**
ENTFERNUNG:	**1500 Lichtjahre**
REKTASZENSION:	**$05^h 40^m 59^s$**
DEKLINATION:	**−02° 27′ 30″**
AUFNAHME:	**Europäische Südsternwarte (ESO), Visible and Infrared Survey Telescope for Astronomy (VISTA)**

➤ RECHTS

CARINA IM INFRAROTEN

Erst die Infrarotdetektoren der HAWK-I-Kamera des VERY LARGE TELESCOPE der ESO auf dem chilenischen Cerro Paranal enthüllten die üppige Vielfalt an unterschiedlichen Objekten im Carina-Nebel NGC 3372. Zwar ist diese Region als eines der aktivsten Sternentstehungsgebiete der Milchstraße bekannt, doch wird sie auch bald zum galaktischen Friedhof werden.

Der helle Stern links unten ist Eta Carinae, ein Doppelsternsystem aus zwei sehr massereichen Sternen, deren Tage gezählt sind und die „bald“ als Supernovae enden werden. Die beiden Sterne sind zwar erst vor ein paar Millionen Jahren entstanden, aber ihre extremen Massen führten zu einem ebenso verschwenderischen Umgang mit ihrem Kernbrennstoff, sodass sie bereits instabil werden. An anderer Stelle markieren dunkle Tentakeln und isoliert stehende Dunkelwolken Gebiete, in denen neue Sterne heranwachsen, während ein farbenreicher Offener Sternhaufen, Trumpler 14, wie ein reich gefülltes Schmuckkästchen nahe der Bildmitte steht.

OBJEKT:	**Carina-Nebel, NGC 3372**
ENTFERNUNG:	**7500 Lichtjahre**
REKTASZENSION:	**$10^h 45^m 09^s$**
DEKLINATION:	**−59° 52′ 04″**
AUFNAHME:	**Europäische Südsternwarte (ESO), VERY LARGE TELESCOPE (HAWK-I-Kamera)**

➤➤ NÄCHSTE DOPPELSEITE

SOMBREROGALAXIE

Ein breites, dunkles Staubband säumt den Rand der hellen galaktischen Scheibe und verleiht diesem Objekt – Messier 104 – ein besonders markantes Aussehen. Die Sombrerogalaxie befindet sich wie der Virgo-Galaxienhaufen im Sternbild Jungfrau, sie steht uns mit rund 28 Millionen Lichtjahren Entfernung jedoch deutlich näher.

Aufnahmen im sichtbaren Licht wie diese von der Europäischen Südsternwarte erweckten lange Zeit hindurch den Eindruck, die Sombrerogalaxie sei eine ziemlich normale Spiralgalaxie mit einem deutlich größeren zentralen Wulst und einem ungewöhnlich auffälligen Staubgürtel. Beobachtungen in anderen Wellenlängenbereichen machen allerdings deutlich, dass dies nur die halbe Wahrheit ist. So haben Röntgenmessungen gezeigt, dass sich in einem breiten Halo oberhalb und unterhalb der galaktischen Scheibe zahlreiche Röntgenquellen wie zum Beispiel Schwarze Löcher befinden, und auch Infrarotbeobachtungen, die alte, kühle Sterne besser erfassen, bestätigen die Existenz großer Materiemengen in dieser Region. So entstand die aktuelle Vorstellung von einer Sternverteilung, die eher einer elliptischen Riesengalaxie entspricht als einem typischen Spiralsystem.

Es scheint, als wäre die Sombrerogalaxie ein seltener Zwitter – eine elliptische Galaxie mit einer ausgeprägten Scheibe aus helleren Sternen und auffallenden Staubwolken. Wie dieses Bild in unser Verständnis der Galaxienentwicklung passt, bleibt vorerst offen.

OBJEKT:	**Sombrerogalaxie, M 104**
ENTFERNUNG:	**28 Millionen Lichtjahre**
REKTASZENSION:	**$12^h\ 39^m\ 59^s$**
DEKLINATION:	**$-11°\ 37'\ 23''$**
AUFNAHME:	**Europäische Südsternwarte (ESO), Dänisches 1,5-m-Teleskop**

DUNKLE RINGE

Der Schatten des Planeten Saturn lässt die Saturnringe in dieser ungewöhnlichen Ansicht scheinbar im Nirgendwo enden. Das Bild entstand 2009 kurz vor der Tagundnachtgleiche des Planeten. Dabei blickt die Raumsonde CASSINI von oben durch die noch unbeleuchtete Nordseite der Saturnringe auf die Nachtseite des Planeten, deren südlicher Teil vom Streulicht der Ringe in ein fahles Dämmerlicht getaucht wird, das nach rechts oben deutlich abnimmt. Links oben erkennt man die dunkle Nordseite des Planeten.

Da der Blick des Betrachters auf die unbeleuchtete Seite der Ringe trifft, erscheinen diese gleichsam in einer Negativ-Ansicht: Das breite, dunkle Band im unteren Bildteil ist die Oberseite des dicht besetzten B-Rings, durch den naturgemäß wenig Licht hindurchdringt. Der helle Streifen rechts unten in der Ecke entspricht der Cassini-Teilung, durch die wesentlich mehr Licht scheint, das die wenigen Partikel an der Oberseite beleuchten kann. An den B-Ring schließt sich nach innen der stark zergliederte C-Ring an, dessen dunkle Bänder sich auch im Planetenschatten gegen den aufgehellten Hintergrund abheben.

OBJEKT:	**Saturn**
MIN. ENTFERNUNG:	**1,2 Milliarden Kilometer**
DURCHMESSER:	**120.536 Kilometer**
AUFNAHME:	**Raumsonde CASSINI, Imaging Science Subsystem**

HIMMLISCHE SPITZE

Was wie eine abstrakte Variante der Bremer Stadtmusikanten (mit Schweinskopf, Kuhkopf und einem über beiden schwebenden Hahn) erscheint, ist unter Astronomen als „die Spitze“ im Herzen des rund 6500 Lichtjahre entfernten Adlernebels bekannt – eines der am gründlichsten untersuchten Sternentstehungsgebiete unserer Nachbarschaft. Dieser Nebel (siehe Seite 136) errang globale Berühmtheit, nachdem das HUBBLE-Weltraumteleskop eine erste detailreiche Aufnahme der dort enthaltenen komplexen Sternentstehungsregionen geliefert hatte („die Säulen der Schöpfung“). Die Nadelspitze erweist sich als weitgehend erodierter Überrest einer solchen Säule, der sich im Wettlauf mit der Zeit befindet, um den Sternentstehungsprozess zu beenden, ehe er ganz von der energiereichen Strahlung heißer Sterne (von oberhalb des Bildausschnitts) aufgelöst wird. Auch das Gas im Hintergrund wird von der Ultraviolettstrahlung dieser heißen Sterne zum Leuchten angeregt: Blautöne am oberen Rand entsprechen Sauerstoffgas, während weiter unten die Rottöne die Präsenz von Wasserstoff verraten.

Die hier abgebildete „Spitze der Spitze“ erstreckt sich über etwa vier Lichtjahre. Dunkle Verdichtungen und fingerähnliche Ausläufer zeigen an, wo der Entstehungsprozess neuer Sterne eingesetzt hat, obwohl manche von ihnen schon bald von den spärlicher werdenden Vorräten abgeschnitten sein werden. Die vergleichsweise neue Erkenntnis, dass die Stoßfront einer rund 6000 Jahre zurückliegenden Supernova auf diese Säulen zurast, macht ihr nahes Ende absehbar. Innerhalb der nächsten Jahrhunderte oder Jahrtausende werden unsere Nachkommen verfolgen können, wie diese Front die Säulen der Schöpfung aufmischen und verwischen wird.

OBJEKT:	**Adlernebel, M 16**
ENTFERNUNG:	**6500 Lichtjahre**
REKTASZENSION:	**$18^h\ 18^m\ 51^s$**
DEKLINATION:	**$-13°\ 49'\ 51''$**
AUFNAHME:	**HUBBLE-Weltraumteleskop, Advanced Camera for Surveys**

GALAXIENMAHLZEIT

Über den Bereich des sichtbaren Lichts hinaus erfasste das HUBBLE-Weltraumteleskop vom Infraroten bis ins Ultraviolette die Dramatik dieses Geschehens, das die ungewöhnliche Aktivität der Galaxie NGC 5128 (Centaurus A) erklärt: Dieses rund elf Millionen Lichtjahre entfernte Objekt im Südhimmelsternbild Zentaur zeigt die Verschmelzung zweier Galaxien, bei der eine große elliptische Galaxie eine kleinere Spiralgalaxie verschluckt und sich nach und nach deren Einzelteile einverleibt – einschließlich des breiten Staubbandes, das sich noch quer über die „speisende" Galaxie erstreckt.

Der Zusammenstoß hat einen Feuersturm an Sternentstehung ausgelöst – Stoßfronten haben die Materie der auftreffenden Spiralgalaxie verdichtet und dadurch die massenhafte Bildung neuer Sterne eingeleitet, die das Gas ihrer Umgebung pinkfarben aufleuchten lassen. Im Ultraviolettbereich erfasste HUBBLE auch die bereits fertigen, kompakten Sternhaufen hinter dem Staubgürtel als helle, bläulich weiße Flecken.

OBJEKT:	**Centaurus A, NGC 5128**
ENTFERNUNG:	**11 Millionen Lichtjahre**
REKTASZENSION:	**$13^h\ 25^m\ 28^s$**
DEKLINATION:	**–43° 01′ 09″**
AUFNAHME:	**HUBBLE-Weltraumteleskop, Wide Field Camera 3**

➤ RECHTS

FREMDER BESUCHER

Dieser geisterhafte Wanderer zwischen den Sternen ist der Komet Lulin, der bereits im Juli 2007 von Astronomen der Universität Taiwan entdeckt wurde und im Februar 2009 seine größte Helligkeit am irdischen Himmel erreichte. Kometen sind kleine, eisreiche Objekte, die zumeist auf langgestreckten Ellipsenbahnen die Sonne umrunden. Wenn sie dabei in das innere Sonnensystem vorstoßen und von den Strahlen der Sonne erwärmt werden, beginnen die gefrorenen Gase zu verdampfen und bilden zunächst eine dünne Kometenatmosphäre (die Koma), aus der sich dann einer oder mehrere Schweife entwickeln.

Dazu müssen die Atome und Moleküle zunächst vom Sonnenlicht ionisiert und zum Leuchten angeregt werden. Diese Ionen können dann von den elektrisch geladenen Teilchen des Sonnenwindes mitgerissen werden, und so zeigt der Ionenschweif stets nach „außen", von der Sonne weg. Die ebenfalls vom Kometenkern abströmenden Staubkörner werden dagegen vom Strahlungsdruck des Sonnenlichts langsam nach außen getrieben. Dieser Staubschweif des Kometen reflektiert das auftreffende Sonnenlicht. Beim Kometen Lulin erschien ein Teil dieses Staubschweifes – bedingt durch die Perspektive – auch als Antischweif in Richtung Sonne.

OBJEKT:	**Komet Lulin**
MIN. ENTFERNUNG:	**61,5 Millionen Kilometer**
UMLAUFZEIT:	**42.000 Jahre**
AUFNAHME:	**Amateur-Instrumente**

➤➤ NÄCHSTE DOPPELSEITE

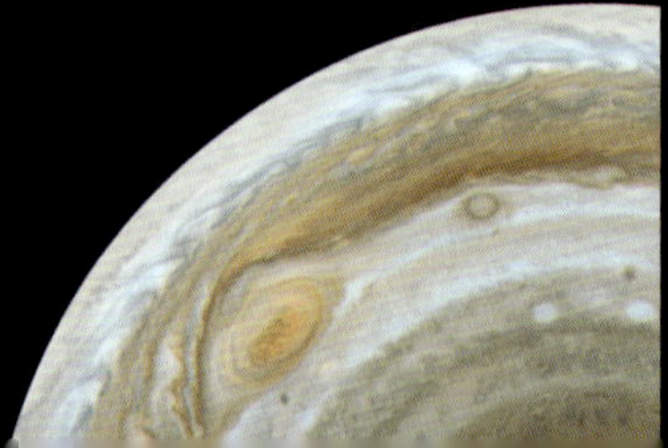

SICHTBAR UND UNSICHTBAR

4

HELIXNEBEL

Was den Betrachter wie ein geheimnisvolles Auge aus der kosmischen Dunkelheit anstarrt, ist in Wirklichkeit eine Kompositaufnahme, die aus Bildern des HUBBLE-Weltraumteleskops und dem erdgebundenen Vier-Meter-Teleskop des Interamerikanischen Observatoriums auf dem Cerro Tololo in Chile zusammengestellt wurde.

Der Helixnebel, NGC 7293, ist einer der nächsten und hellsten Planetarischen Nebel – die expandierenden Reste der einstigen Hülle eines ehemals sonnenähnlichen Sterns. Aus einer Entfernung von rund 700 Lichtjahren erscheint er mit einem Durchmesser von etwa 2,5 Lichtjahren nur wenig kleiner als der Vollmond. Seine Struktur ist allerdings rätselhaft. Mit Hilfe dieses Bildes konnten die Astronomen zeigen, dass der Nebel aus zwei Gasscheiben besteht. Auf die hellere, innere Scheibe schauen wir ziemlich frontal, während die dunklere, äußere Scheibe (die blassen orangefarbenen Wolken in diesem Bild) fast um 90 Grad dagegen gedreht ist, sodass wir sie nahezu in Kantenstellung sehen. Die Ursprünge dieser Doppelnatur sind noch unklar, aber möglicherweise hat ein bislang unentdeckt gebliebener Begleiter des Zentralsterns dabei „seine Hand im Spiel".

Beim Helixnebel wurden erstmals kometenähnliche Verdichtungen entdeckt – radial nach außen verlaufende Streifen, die aber nichts mit Kometen zu tun haben. Sie entstehen vielmehr, wenn rasch expandierende Gashüllen, die gegen Ende der Auswurfphase ausgestoßen werden, auf deutlich früher, aber langsamer ausgeworfene Gasmassen treffen und diese dann teilweise erodieren.

OBJEKT:	**Helixnebel, NGC 7293**
ENTFERNUNG:	**700 Lichtjahre**
REKTASZENSION:	**$22^h\ 29^m\ 39^s$**
DEKLINATION:	**$-20°\ 50'\ 14''$**
AUFNAHME:	**HUBBLE-Weltraumteleskop, Advanced Camera for Surveys, und Cerro Tololo Inter-American Observatory, 4-m-Teleskop**

BLASENNEBEL

Einen ungewohnten Anblick bietet diese nahezu perfekt erscheinende „Seifenblase“ inmitten einer sternreichen Region im Sternbild Kassiopeia. Der rund 7000 Lichtjahre entfernte Blasennebel, NGC 7635, umschließt das Endstadium eines massereichen Sterns.

Die Blase wurde 1787 von dem aus Deutschland stammenden, britischen Astronomen Wilhelm Herschel entdeckt. Sie wird durch den starken Sternwind erzeugt, der von dem Zentralstern BD+602522 abströmt und in einiger Entfernung auf umgebende Gasmassen trifft und diese zum Leuchten bringt. Der Stern BD+602522 beherbergt etwa 40 Sonnenmassen und hat eine heiße, bläulich weiße Oberfläche. Der Sternwind strömt mit einer Startgeschwindigkeit von rund sieben Millionen Kilometer pro Stunde ab, wird aber dort stark abgebremst, wo er die dichtere Umgebung erreicht.

Detailansichten der Blasenoberfläche enthüllen eine leichte Kräuselung. Sie entsteht, weil die Stoßfront durch Dichteunterschiede im umgebenden Material an unterschiedlichen Stellen gebremst wird. Aus dem gleichen Grund befindet sich der „Zentralstern“ auch nicht in der Blasenmitte. Die Blase hat einen Durchmesser von rund sechs Lichtjahren, ist aber nur das hellste Exemplar von insgesamt drei solcher annähernd konzentrischer Blasen: Eine deutlich größere ist schon weitgehend verblasst und verschmilzt langsam mit dem umgebenden Nebel, während eine kleinere weiter innen gerade entsteht. Jenseits der äußeren Schale hat die energiereiche Strahlung des Zentralsterns einen Hohlraum in den umgebenden Nebel gebrannt, dessen „Innenwand“ von eben dieser Strahlung zu einem bläulichen Fluoreszenzleuchten angeregt wird.

OBJEKT:	**Blasennebel, NGC 7635**
ENTFERNUNG:	**7000 Lichtjahre**
REKTASZENSION:	**$23^h\ 20^m\ 48^s$**
DEKLINATION:	**+61° 12′ 06″**
AUFNAHME:	**Kitt Peak National Observatory, WIYN-3,5-m-Teleskop**

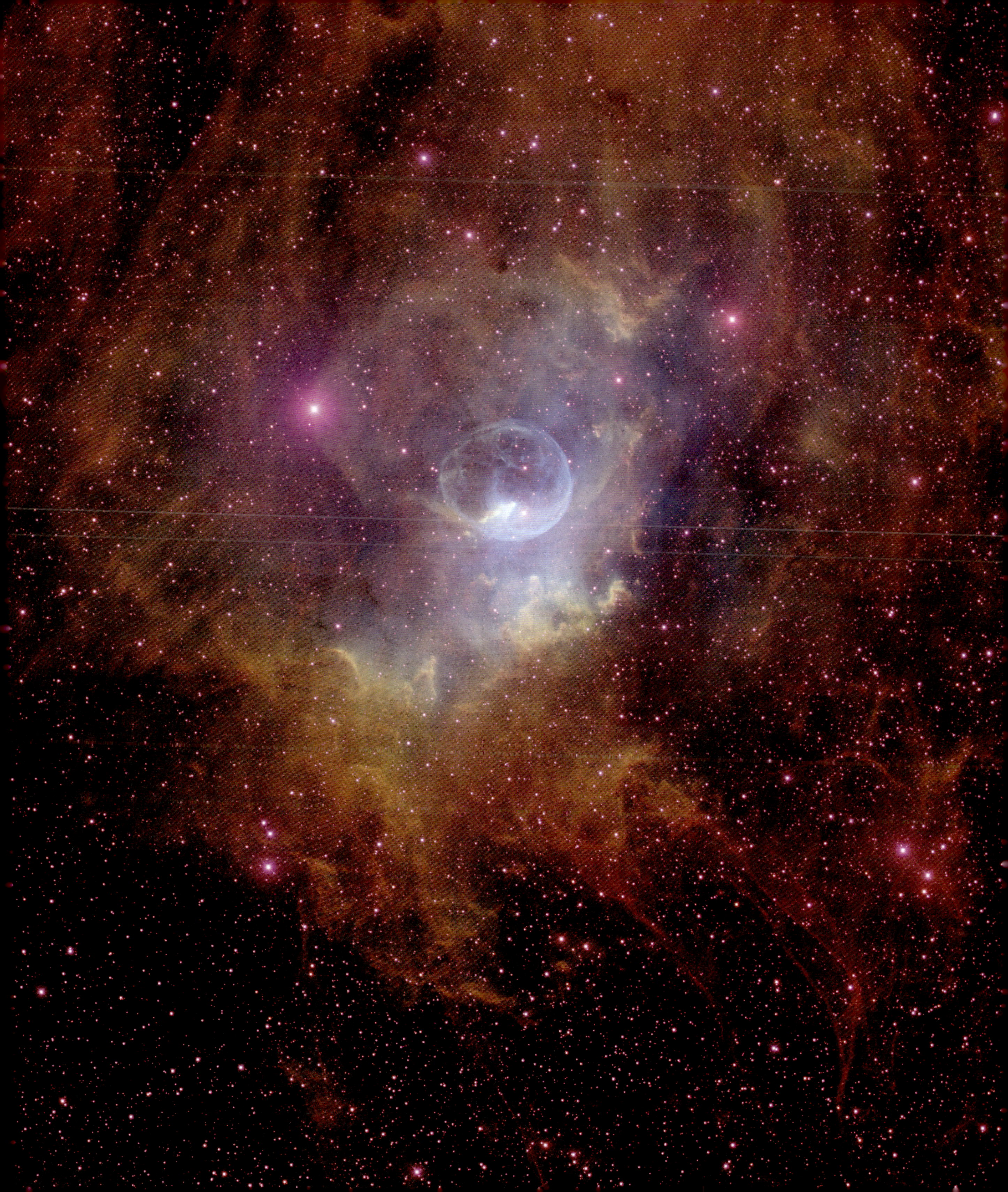

INFRAROT-ORION

Der berühmte Orion-Nebel erstrahlt auf diesem außergewöhnlichen Panorama des „Visible and Infrared Survey Telescope for Astronomy" (VISTA) der Europäischen Südsternwarte in einem unsichtbaren „Licht". Das hellste und nächstgelegene größere Sternentstehungsgebiet liegt rund 1500 Lichtjahre entfernt inmitten einer großen, weitgehend unsichtbaren Wasserstoffwolke, dem Molekülwolkenkomplex im Sternbild Orion. Auch das HUBBLE-Weltraumteleskop hat schon aufsehenerregende Details dieser Region im sichtbaren Licht aufgenommen (siehe Seite 96).

Beobachtungen im nahen Infrarot mit VISTA erfassen die Strahlung aus jenen Bereichen, die zu kalt sind, um sichtbares Licht auszusenden – selbst dann, wenn sie hinter Licht verschluckenden Staubwolken liegen. Dadurch wird der ohnehin schon spektakuläre Anblick des Orion-Nebels noch verstärkt. Mit VISTA sehen wir leuchtende Gaswolken im gesamten Schwertgehänge des Orion.

Der helle Trapezium-Sternhaufen im Zentrum des Orion-Nebels wird von den umgebenden Gaswolken überstrahlt, dafür tauchen aber zuvor unbekannte Sterne in anderen Nebelteilen auf. Kleine, rote Wolken oberhalb der Bildmitte enthalten vermutlich neu entstandene Sterne, die noch von Staubkokons umhüllt und deshalb unsichtbar sind. Sie produzieren energiereiche Materiejets, die die umgebende Hülle aufheizen. Die ausgeworfene Materie kann mit Geschwindigkeiten bis zu 700.000 Stundenkilometern davonströmen.

OBJEKT:	**Orion-Nebel, M 42**
ENTFERNUNG:	**1500 Lichtjahre**
REKTASZENSION:	**$05^h\ 35^m\ 17^s$**
DEKLINATION:	**–05° 23′ 28″**
AUFNAHME:	**Europäische Südsternwarte (ESO), Visible and Infrared Survey Telescope for Astronomy (VISTA)**

AM UFER DER LAGUNE

Fein strukturierte Gaswolken erstrecken sich über etliche Lichtjahre und erinnern an die impressionistische Darstellung eines Gestades, an dem sanfte Wellen das Ufer umspülen – in diesem Fall das Ufer der Lagune. Der gleichnamige Nebel im Sternbild Schütze, auch als Messier 8 bekannt, erstreckt sich über etwa drei Vollmonddurchmesser und gehört zu den hellsten und größten Sternentstehungsregionen am irdischen Himmel. Er wurde 1747 von dem französischen Astronomen Guillaume Le Gentil entdeckt und kann von einem dunklen Standort aus mit bloßem Auge erspäht werden.

Der Lagunennebel ist etwa 4000 Lichtjahre von der Erde entfernt und präsentiert sich als 60 x 140 Lichtjahre großer Bereich. Der Name geht auf ein breites Staubband zurück, das sich – außerhalb des Fotos – über die Zentralregion des Nebels erstreckt. Das Leuchten des Nebels wird zwar durch die energiereiche Strahlung junger, eingelagerter Sterne ausgelöst, aber erst in neuerer Zeit haben die Astronomen zeigen können, dass der Sternentstehungsprozess im Innern dunkler Gaswolken und Globulen noch anhält.

Auf diesem Falschfarbenbild wird Licht, das durch ein Gelbfilter aufgenommen wurde, blau wiedergegeben, während das typische Wasserstoffleuchten rot und die Strahlung von angeregten Stickstoffatomen grün dargestellt wird.

OBJEKT:	**Lagunennebel, M 8**
ENTFERNUNG:	**4000 Lichtjahre**
REKTASZENSION:	**$18^h\ 03^m\ 37^s$**
DEKLINATION:	**$-24°\ 23'\ 12''$**
AUFNAHME:	**HUBBLE-Weltraumteleskop, Advanced Camera for Surveys**

IM LABYRINTH DER NACHT

Ungewohnt farbig erscheint die Marsoberfläche auf diesem Falschfarbenbild, das eine Taleinmündung im Labyrinth der Nacht zeigt, einem Teilbereich des gewaltigen Valles-Marineris-Canyons.

Die Valles Marineris oder Mariner-Täler – so benannt nach der Raumsonde MARINER 9, die das System 1971 entdeckte – bilden zusammen das größte Talsystem im Sonnensystem. Dieser gewaltige „Riss" in der Marsoberfläche erstreckt sich über mehr als 4000 Kilometer und erreicht stellenweise eine Tiefe von zehn Kilometern. Neueren Untersuchungen zufolge könnte es sich dabei um Anzeichen einer – allerdings früh erstorbenen – Plattentektonik auf Mars handeln. Die Tharsis-Aufwölbung mit ihren großen Schildvulkanen ist nicht weit entfernt (siehe Seite 170). Das Labyrinth der Nacht ist ein irrgartenähnliches System kleinerer Täler im Bereich zwischen der Tharsis-Aufwölbung und dem Haupttal, das vermutlich durch Faltungen im Zusammenhang mit der vulkanischen Aktivität entstand.

Auf diesem Bild des „Thermal Emission Imaging System" (THEMIS) an Bord der NASA-Raumsonde MARS ODYSSEY zeigen unterschiedliche Farben verschiedene Temperaturen der Marsoberfläche an, die an dieser Stelle etwa 4000 Meter unter dem mittleren Niveau liegt. Kühlere, blau wiedergegebene Gebiete sind staubbedeckt, während wärmere Regionen (gelb und rot) staubfreie Felsmassen anzeigen.

OBJEKT:	**Mars**
MIN. ENTFERNUNG:	**55,6 Millionen Kilometer**
DURCHMESSER:	**6792 Kilometer**
AUFNAHME:	**Raumsonde MARS ODYSSEY, Thermal Emission Imaging System (THEMIS)**

KOSMISCHE SEGEL

Wie die Segel eines kosmischen Schiffes blähen sich blassblaue Gaswolken in der Umgebung von NGC 346 auf, eines Offenen Sternhaufens, der so hell erstrahlt, dass er selbst über intergalaktische Entfernungen deutlich hervortritt. NGC 346 ist die größte Sternentstehungsregion innerhalb der Kleinen Magellanschen Wolke, einer rund 210.000 Lichtjahre entfernten Satellitengalaxie der Milchstraße. Der Sternhaufen enthält geschätzt 2500 junge Sterne und wird von einer Wolke aus Sternenrohstoff umgeben.

Der scharfe Blick des HUBBLE-Weltraumteleskops erkannte die Kette von Staubwolken in der unteren Bildhälfte als Bereich, in der die Sternentstehung anhält. Aus der Untersuchung von mehr als 70.000 Sternen in der Region wurde deutlich, dass der Nebel mindestens drei Sternentstehungsepisoden erlebt hat. Die erste liegt rund 4,5 Milliarden Jahre zurück (damals entstand auch die Sonne), doch die dabei entstandenen Sterne haben die Kernregion des Nebels längst verlassen. Die jüngste, noch anhaltende Episode begann dagegen erst vor rund fünf Millionen Jahren.

Die massereichen, heißen und schnell alternden Sterne der früheren Wellen sind längst von der Bühne abgetreten. Sie wurden durch Supernova-Explosionen zerfetzt und verteilten dabei jene schwereren Atome in die Umgebung, die sie im Laufe ihres Lebens erbrütet hatten. So konnten spätere Sterngenerationen mit zunehmend höherem Gehalt an schwereren Elementen entstehen, was ihr Leuchten verstärkt und ihre Lebenszeit weiter verkürzt. Die energiereiche Strahlung dieser Sterne und ihre heftigen Sternwinde verleihen dem umgebenden Nebel seine heutige Form.

OBJEKT:	**NGC 346**
ENTFERNUNG:	**210.000 Lichtjahre**
REKTASZENSION:	**$00^h\ 59^m\ 18^s$**
DEKLINATION:	**−72° 10′ 48″**
AUFNAHME:	**HUBBLE-Weltraumteleskop, Advanced Camera for Surveys**

PFOTEN UND TATZEN

Die ausgedehnte Sternentstehungsregion NGC 6334 im Sternbild Skorpion bedeckt eine Fläche, die etwas größer als der Vollmond ist. Die Umrisse der hellsten Bereiche verhalfen diesem Objekt zu seinen Beinamen „Katzenpfotennebel“ oder auch „Bärentatzennebel“.

Die Aufnahme, die am La-Silla-Observatorium der ESO in Chile entstand, zeigt nur die hellsten Bereiche dieser Region mit einem Gesamtdurchmesser von rund 50 Lichtjahren. Große Mengen an interstellarem Staub zwischen den etwa 5500 Lichtjahre entfernten Nebeln und der Erde filtern den kurzwelligen Anteil des Lichts weitgehend heraus, sodass die Gaswolken besonders rot erscheinen. Hier blickt man auf eine der derzeit vermutlich aktivsten Sternentstehungsgebiete der Milchstraße. Bereits fertige, massereiche Riesensterne setzen große Mengen an Ultraviolettstrahlung frei, die die Wasserstoffwolken zu ihrem roten Fluoreszenzleuchten anregt. Zusätzlich enthält die Region Tausende weiterer Sterne, die teilweise noch von Gas und Staub eingehüllt sind.

OBJEKT:	**Katzenpfotennebel, NGC 6334**
ENTFERNUNG:	**5500 Lichtjahre**
REKTASZENSION:	**$17^h\ 19^m\ 58^s$**
DEKLINATION:	**$-35°\ 57'\ 47''$**
AUFNAHME:	**Europäische Südsternwarte (ESO), MPG/ESO-2,2-m-Teleskop**

➤ RECHTS

IM HERZEN DER MILCHSTRASSE

Rund 26.000 Lichtjahre und ungezählte Stern-, Gas- und Staubwolken trennen die Erde vom Zentrum der Galaxis. Im sichtbaren Licht sehen wir in dieser Richtung nur die vorgelagerten Sternwolken des Schützen. Satellitenteleskope, die in der Erdumlaufbahn auch andere Wellenlängenbereiche erfassen können, durchdringen die Schleier und enthüllen eine fremdartige Szenerie mit komplex geformten Staubwolken, heißen Sternen und extrem heißem Gas.

Das vielleicht wichtigste Objekt dort ist die – bläulich weiß wiedergegebene – helle Röntgenquelle rechts der Bildmitte: ein riesiger Haufen sehr massereicher Sterne, der von einer heißen, das eigentliche Zentrum der Galaxis umgebenden Gaswolke eingehüllt ist. Das Zentrum selbst ist nur im Radiobereich als Quelle mit der Bezeichnung Sagittarius A* „sichtbar“. Anhand ihrer Schwerkraftwirkung lässt sich die Masse dieser Quelle zu rund vier Millionen Sonnenmassen bestimmen, die auf engstem Raum konzentriert sind. Das kann nur ein sehr massereiches Schwarzes Loch sein, ein Objekt, dessen Schwerkraft selbst Licht dauerhaft zurückhalten kann.

OBJEKT:	**Sagittarius A*, Zentrum der Milchstraße**
ENTFERNUNG:	**26.000 Lichtjahre**
REKTASZENSION:	**$17^h\ 45^m\ 40^s$**
DEKLINATION:	**$-29°\ 00'\ 28''$**
AUFNAHME:	**HUBBLE-Weltraumteleskop, Near-Infrared Camera and Multi-Object Spectrometer (NICMOS), CHANDRA-Röntgensatellit und SPITZER-Weltraumteleskop**

➤➤ NÄCHSTE DOPPELSEITE

TOTENKOPFNEBEL

Der makabre Eindruck eines geisterhaften Totenschädels drängt sich dem Betrachter dieses Fotos von der Region um den Sternhaufen NGC 2467 auf. Ein kleiner Sternhaufen, Haffner 19, markiert die Position des einen Auges, ein heller Einzelstern das andere Auge – beide von einem kleinen Lichtsaum eingefasst, wo umgebender Staub das Licht der Sterne streut.

Ergänzt wird dieser bizarre, übersinnliche Anblick durch die umgebende Farbsymphonie, die hier vom 2,2-Meter-Teleskop der ESO auf La Silla eingefangen wurde. In der Bildmitte liegt – von einem dunklen Staubband teilweise eingerahmt – der Sternhaufen Haffner 18, dessen heiße, junge Sterne genügend Ultraviolettstrahlung produzieren, um das umgebende Gas in seinen charakteristischen Farben zum Leuchten anzuregen.

Haffner 18 und die umgebenden Nebelbereiche liegen etwa 28.000 Lichtjahre entfernt im Südhimmelsternbild Hinterdeck, das ursprünglich zum Sternbild Schiff gehörte. Im Zentrum der hellen, pinkfarben umsäumten Region der unteren Bildhälfte steht der helle, junge Stern HD 64315, dessen extreme Strahlung und Sternwinde die ganze Gegend beeinflussen.

OBJEKT:	**NGC 2467**
ENTFERNUNG:	**28.000 Lichtjahre**
REKTASZENSION:	**$07^h\ 52^m\ 30^s$**
DEKLINATION:	**$-26°\ 25'\ 48''$**
AUFNAHME:	**Europäische Südsternwarte (ESO), MPG/ESO-2,2-m-Teleskop**

KATZENAUGENNEBEL

Ein sterbender Stern scheint sich hier selbst in einen Kokon aus Gas und Staub einzuhüllen. Der Katzenaugennebel, NGC 6543, rund 3300 Lichtjahre entfernt im Sternbild Drache, gilt als einer der bekanntesten und schönsten Planetarischen Nebel. Die komplexen, einander durchdringenden Wolkenstrukturen im Zentrum entstehen durch expandierende Gasblasen, die von innen durch starke Sternwinde des Zentralsterns aufgebläht werden. Im Bereich der „Taille" über dem Äquator des Sterns werden die Blasen durch eine langsamer expandierende Scheibe aus dichteren Gaswolken eingeschnürt. Allerdings scheint sich die Ausrichtung der Achse im Laufe der Zeit verändert zu haben – vermutlich durch den Einfluss eines bislang unentdeckt gebliebenen Begleitsterns. Weiter außen dokumentieren die konzentrischen Ringe eine Reihe von regelmäßigen Pulsationen, bei denen 15.000 bis 1000 Jahre früher eine Reihe von Gashüllen abgeblasen wurden.

Noch weiter draußen, außerhalb dieses Bildes, wird das ganze System von zerfetzt erscheinenden Gaswolken umgeben, die vermutlich bei einem etliche Tausend Jahre früheren heftigen Ausbruch weggesprengt wurden, als der Stern noch ein instabiler roter Riesenstern war. Planetarische Nebel sind recht kurzlebig und verändern ihr Aussehen rasch. Das heutige Erscheinungsbild von NGC 6543 hat sich erst während der letzten Jahrhunderte ausgebildet. In einigen Jahrtausenden werden die leuchtenden Gase zunehmend kühler und zugleich verblassen, und auch der Zentralstern wird als Weißer Zwerg an Helligkeit verlieren.

OBJEKT:	**Katzenaugennebel, NGC 6543**
ENTFERNUNG:	**3300 Lichtjahre**
REKTASZENSION:	**$17^h\ 58^m\ 34^s$**
DEKLINATION:	**+66° 37′ 59″**
AUFNAHME:	**HUBBLE-Weltraumteleskop, Advanced Camera for Surveys**

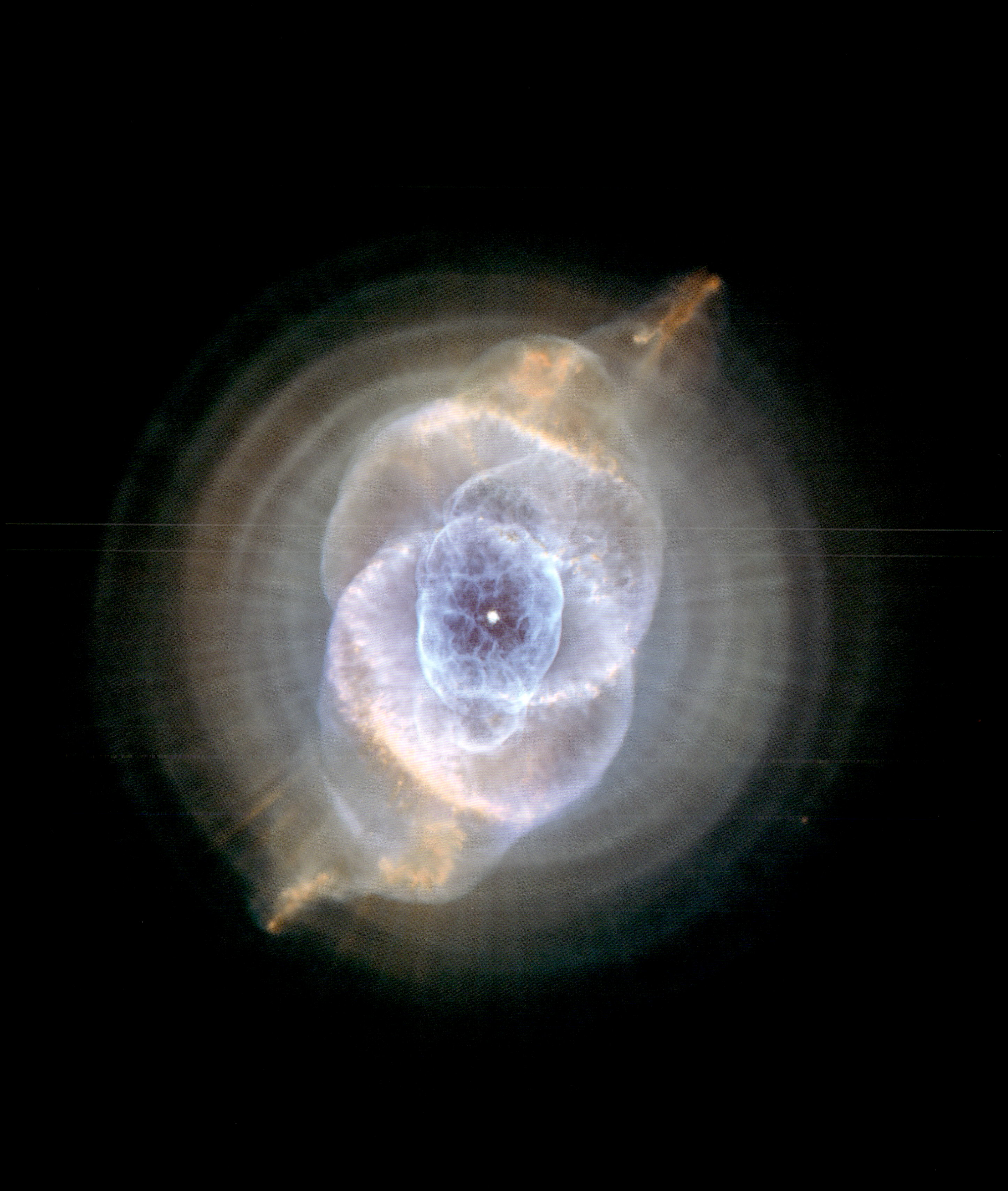

ADLERNEBEL

Die berühmte Sternentstehungsregion Messier 16 im Sternbild Schlange erscheint auf dieser Weitwinkelaufnahme des Kitt Peak National Observatory in ungewohnten Pastelltönen. Der helle Sternhaufen im Zentrum des Nebels wurde um 1745 von dem schweizerischen Astronomen Jean-Philippe Loys de Chéseaux entdeckt, während Charles Messier den umgebenden Nebel 1764 bemerkte. Aber erst die moderne Astrofotografie konnte die Form des Nebels erfassen, die an einen Adler mit ausgebreiteten Schwingen erinnert, woher der Beiname stammt.

In diesem Falschfarbenbild wird der leuchtende Wasserstoff grünlich dargestellt, Sauerstoff in Blautönen und Schwefel rot. Die unterschiedlichen Farben betonen die wahre Struktur des Nebels: Die ausgebreiteten Schwingen (im Bild diagonal verlaufend) bilden das Innere einer riesigen Sternentstehungshöhle inmitten dunkler Staubwolken, deren Begrenzungsflächen von der Strahlung der bereits fertigen Sterne zum Leuchten angeregt werden.

Der Nebel liegt rund 6500 Lichtjahre entfernt, das Innere der Höhle hat einen Durchmesser von rund 30 Lichtjahren. Dort markieren dunkle Tentakeln jene Bereiche, in denen neue Sterne entstehen – gleich rechts der Mitte erkennt man die berühmten „Säulen der Schöpfung", und links unterhalb ragt die elegante „Spitze" (siehe Seite 108) empor.

OBJEKT:	**Adlernebel, M 16**
ENTFERNUNG:	**6500 Lichtjahre**
REKTASZENSION:	**$18^h\,18^m\,51^s$**
DEKLINATION:	**$-13°\,49'\,51''$**
AUFNAHME:	**Kitt Peak National Observatory, NSF-0,9-m-Teleskop**

CENTAURUS A

Die beiden Materiejets, die wie Fontänen aus dem Zentrum der Galaxie hervorbrechen, bilden den Blickfang auf dieser Breitbandansicht von NGC 5128, einer Galaxie im Südhimmelsternbild Zentaur, die vielleicht besser als die starke Radioquelle Centaurus A bekannt ist.

Das Kompositbild vereint eine Aufnahme im sichtbaren Licht, die mit dem 2,2-Meter-Teleskop der Europäischen Südsternwarte auf La Silla gemacht wurde, mit Radiodaten des ESO-APEX-Teleskops (orangefarben) und Röntgenmessungen (blau) des CHANDRA-Röntgenobservatoriums der NASA. Die sichtbare Galaxie erscheint als leuchtend helle Kugel, die durch ein dickes Staubband zweigeteilt wird. Dieser Staubgürtel gilt als Überrest einer kleineren Spiralgalaxie, die von dem größeren System „verspeist" wurde (siehe Seite 110). Aus dem Zentralbereich brechen zwei eng begrenzte, Röntgenstrahlung aussendende Hochgeschwindigkeits-Materiejets hervor, die weiter außen das umgebende intergalaktische Gas zusammenschieben und zur Produktion von Radio- und Röntgenstrahlung anregen.

Centaurus A ist eine der nächsten Radiogalaxien – mit einem aktiven Galaxienkern, der große Mengen an Strahlung produziert. Aktive Galaxien zeigen mitunter recht kurzzeitige Schwankungen ihrer Energieproduktion und so starke Strahlungsintensitäten, dass sie mit der Energieproduktion normaler Sterne nicht erklärt werden können. Entsprechend vermuten die Astronomen in den Zentren solcher aktiver Galaxien massereiche Schwarze Löcher, die große Materiemengen verschlingen, etwa als Folge einer vorausgegangenen Galaxienkollision.

OBJEKT:	**Centaurus A, NGC 5128**
ENTFERNUNG:	**11 Millionen Lichtjahre**
REKTASZENSION:	**$13^h\ 25^m\ 28^s$**
DEKLINATION:	**–43° 01′ 09″**
AUFNAHME:	**Europäische Südsternwarte (ESO), MPG/ESO-2,2-m-Teleskop und Atacama Pathfinder Experiment (APEX), CHANDRA-Röntgensatellit**

JUPITER VON UNTEN

Diese ungewohnte Ansicht der südlichen Jupiterhemisphäre zeigt die äquatorparallelen Wolkenstreifen als konzentrische Ringe. Die „polare stereografische Projektion" wurde aus 36 Einzelaufnahmen der CASSINI-Raumsonde zusammengefügt, die während des Vorbeiflugs im Dezember 2000 über einen Zeitraum von neun Stunden aus einer Entfernung von rund zehn Millionen Kilometer entstanden.

Trotz seines elffachen Erddurchmessers rotiert Jupiter in nur neun Stunden und 56 Minuten einmal um seine Achse. Dies bleibt nicht ohne Folgen für die atmosphärischen Strömungen, und so werden die Hoch- und Tiefdruckgebiete in äquatorparallele Gürtel gezwungen, die sich als helle Zonen und bräunliche Bänder präsentieren. Eine Reihe weißer Flecken umrundet den Planeten in hohen südlichen Breiten, während andere Sturmregionen dem Großen Roten Fleck gefährlich nahe kommen können. Der große helle Fleck bei etwa vier Uhr ist das Oval BA, das sich zwischenzeitlich rot verfärbt hat und daher als Kleiner Roter Fleck bezeichnet wird.

OBJEKT:	**Jupiter**
MIN. ENTFERNUNG:	**588 Millionen Kilometer**
DURCHMESSER:	**142.984 Kilometer**
AUFNAHME:	**Raumsonde CASSINI, Imaging Science Subsystem**

CYGNUS X

Dieser gewaltige Nebelkomplex im Sternbild Schwan, der ursprünglich durch seine starke Radiostrahlung aufgefallen war und seinerzeit als Cygnus X bezeichnet wurde, gilt als eines der ausgedehntesten Sternentstehungsgebiete der Milchstraße. In dieser Region stehen rund 800 leuchtende Nebel und mehrere Haufen sehr massereicher Sterne – sogenannte OB-Assoziationen – zusammen. Das Licht dieser Sterne ionisiert das umgebende Gas im Umkreis vieler Lichtjahre. Doch wir sehen davon gar nichts, weil Cygnus X rund 4500 Lichtjahre entfernt jenseits des Cygnus-Spiralarms der Milchstraße liegt und durch eine nur 300 Lichtjahre entfernte, große Dunkelwolke unseren Blicken entzogen wird.

Das Spitzer-Weltraumteleskop kann die Infrarotstrahlung, die diese Staubwolke durchdringen kann, aufnehmen und so die Temperatur der fernen Gasmassen bestimmen: Rot steht für die tiefsten Werte, während Grün und Blau wärmere Gebiete anzeigen. Die Addition dieser Farbkanäle lässt aktive Sternentstehungsgebiete gelb und weiß erscheinen, während neu entstandene Sterne blau wiedergegeben werden. Gut zu erkennen sind einzelne Blasen ähnlich dem Blasennebel (siehe Seite 118), die durch starke Sternwinde von massereichen Sternen aus der umgebenden Gaswolke herausgebrannt wurden.

OBJEKT:	**Cygnus X**
ENTFERNUNG:	**4500 Lichtjahre**
REKTASZENSION:	**$20^h\ 32^m\ 00^s$**
DEKLINATION:	**+40° 30′ 00″**
AUFNAHME:	**Spitzer-Weltraumteleskop**

EISIGER BUMERANG

Die Regenbogenfarben auf diesem Bild erinnern an das Farbenspiel einer schillernden Benzinlache in einer Pfütze, doch sie haben einen ganz anderen Ursprung. Das Falschfarbenbild des Bumerangnebels im Südhimmelsternbild Zentaur nutzt die Farbkodierung zur Darstellung der wechselnden Polarisationsrichtungen der empfangenen Strahlung. Wenn Licht an winzigen Staubteilchen gestreut wird, verändert sich seine Schwingungsrichtung (Polarisation), und so verraten solche Messungen etwas über die Verteilung und Größe der betreffenden Staubteilchen.

Der Bumerangnebel ist ein ungewöhnliches Objekt, ein entstehender Planetarischer Nebel gewissermaßen, der einen sterbenden, sonnenähnlichen Stern umgibt. Noch befindet sich dieser Stern in der Phase eines roten Riesensterns, aber er treibt seine äußere Gashülle bereits mit großer Geschwindigkeit davon. Er wird immer schneller schrumpfen und schließlich seine heiße Kernregion freilegen, deren energiereiche Strahlung das fortströmende Gas dann zum Leuchten anregt und zu einem „echten" Planetarischen Nebel werden lässt (siehe Seiten 20 und 180). Vorerst aber erscheint der Nebel nur im reflektierten Sternlicht.

Der Bumerangnebel ist rund 5000 Lichtjahre entfernt und etwa zwei Lichtjahre groß, das Gas strömt mit einer Geschwindigkeit von mehr als 160 Kilometern pro Sekunde (!) davon. Aufgrund dieser extrem raschen Expansion kühlt es auf extreme –272 Grad Celsius ab, und so zählt der Bumerangnebel zu den kältesten Orten im Kosmos.

OBJEKT:	**Bumerangnebel**
ENTFERNUNG:	**5000 Lichtjahre**
REKTASZENSION:	**$12^h\ 44^m\ 46^s$**
DEKLINATION:	**–54° 31′ 12″**
AUFNAHME:	**HUBBLE-Weltraumteleskop, Advanced Camera for Surveys**

HIMMLISCHE HÖHLE

Eine Stoßfront, die von starken Sternwinden innerhalb dieser Sternentstehungsregion herrührt, erzeugt am Innenrand des Nebels eine scharfe Wand, die manche Astronomen an das Profil eines menschlichen Gesichts erinnert. NGC 3324 liegt rund 7500 Lichtjahre entfernt im Südhimmelsternbild Schiffskiel, unweit des helleren und bekannteren Carina-Nebels. Hier kann man die Folgen einer heftigen Sternentstehungsphase studieren, die vor einigen Millionen Jahren durch eine vorbeiziehende Stoßfront ausgelöst wurde und zur Bildung jener massereichen, hellen Sterne führte, welche heute die Gegend dominieren. Die energiereiche Strahlung dieser Sterne regt den umgebenden Nebel von innen heraus zum Leuchten an. Die rote Farbe stammt von Wasserstoffatomen, während das gelblich weiße Licht der Innenwand auf Sauerstoffatome verweist.

Großaufnahmen der Innenwand vom HUBBLE-Weltraumteleskop lassen Details erkennen, die auf diesem Weitwinkelbild nur angedeutet werden: Dort, wo die Gas- und Staubwolken dicht genug sind, um dem „Sandstrahlgebläse" der Sternwinde zu widerstehen, ragen sie wie Säulen auf, die durch die vorüberziehende Stoßfront dereinst vielleicht zur Entstehung neuer Sterne verdichtet werden.

OBJEKT:	**NGC 3324**
ENTFERNUNG:	**7500 Lichtjahre**
REKTASZENSION:	**$10^h\ 37^m\ 20^s$**
DEKLINATION:	**$-58°\ 38'\ 20''$**
AUFNAHME:	**Europäische Südsternwarte (ESO), MPG/ESO-2,2-m-Teleskop**

➤ RECHTS

DER HALO DES SATURN

Das komplexe Ringsystem des Planeten Saturn erscheint aus dieser ungewöhnlichen Perspektive der CASSINI-Raumsonde in nie zuvor gesehener Transparenz. Die Ansicht wurde aus 165 Einzelaufnahmen im infraroten, sichtbaren und ultravioletten Spektralbereich zusammengefügt, die über einen Zeitraum von neun Stunden entstanden, als CASSINI über die Nachtseite des Planeten hinwegzog. Sie betont unterschiedliche Farben und Helligkeiten der einzelnen Ringe und hebt so verschiedene Größen der Ringpartikel hervor.

Das Bild zeigt die Hauptringe von der Wolkenobergrenze an nach außen: zunächst den nahezu durchsichtigen D-Ring, den halbtransparenten C- oder Crepe-Ring, die hellen B- und A-Ringe und den fadengleichen F-Ring (am Außenrand des A-Rings). Darauf folgen der viel blassere G-Ring und der breite E-Ring in der Umgebung der Enceladus-Bahn (siehe Seite 178) – und als blasser blauer Punkt am Innenrand des G-Rings in der Zehn-Uhr-Position unser Heimatplanet, die Erde.

OBJEKT:	**Saturn**
MIN. ENTFERNUNG:	**1,2 Milliarden Kilometer**
DURCHMESSER:	**120.536 Kilometer**
AUFNAHME:	**Raumsonde CASSINI, Imaging Science Subsystem**

➤➤ NÄCHSTE DOPPELSEITE

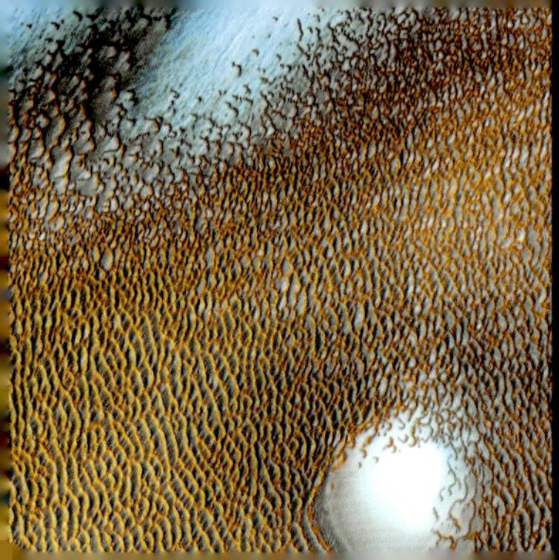

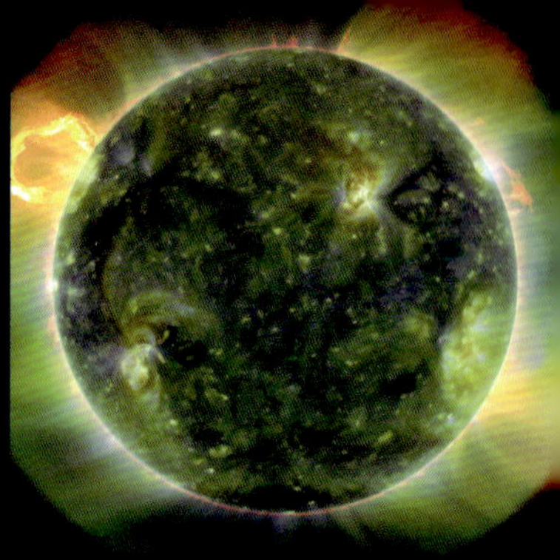

FEUER UND EIS 5

DIE RINGE DES URANUS

Dieser Ausschnitt des Systems der schmalen Uranusringe erinnert an einen farbigen Balkencode. Das kontrastverstärkte Falschfarbenbild wurde aus Aufnahmen der Raumsonde VOYAGER 2 erzeugt und zeigt neun Ringe des siebten Planeten; die Farbsäume dazwischen sind Artefakte der computergenerierten Kontrastverstärkung. Sechs getrennte Aufnahmen in drei unterschiedlichen Filterbereichen wurden überlagert, um feinste Farbdifferenzen zwischen den Ringen sichtbar zu machen. Für das Ergebnisbild wurden die Farben massiv verstärkt.

Die Uranusringe wurden 1977 entdeckt, als die Forscher eigentlich auf die Bedeckung eines Sterns durch Uranus warteten und das Sternlicht vor und nach der Bedeckung jeweils mehrfach kurzzeitig ausgeblendet wurde. Heute kennt man insgesamt 13 Uranusringe, die sehr schmal und klar begrenzt erscheinen – und sich damit deutlich von den breiten Saturnringen unterscheiden. Aufgrund der großen Achsneigung von Uranus blicken wir gelegentlich nahezu senkrecht von „oben“ oder „unten“ auf die Ringebene, zu anderen Zeiten dagegen nahezu von der Seite.

Der äußerste und zugleich hellste Uranusring ist der Epsilon-Ring, auf diesem Bild ganz rechts. Die anderen Ringe sind blasser, schmaler und dunkler, und der Farbunterschied zwischen dem weißen Epsilon-Ring und dem Blaugrün der inneren Ringe ist gut zu erkennen. Im Gegensatz zu den hellen Saturnringpartikeln, die von gut reflektierendem Wassereis dominiert werden, enthalten die Uranusringe größere Mengen an dunklem Material wie etwa Gesteinsstaub oder dunkle organische Verbindungen.

OBJEKT:	**Uranus**
MIN. ENTFERNUNG:	**2,6 Milliarden Kilometer**
DURCHMESSER:	**51.118 Kilometer**
AUFNAHME:	**Raumsonde VOYAGER 2, Imaging Science Subsystem**

DIAMANTRING

Ein letzter Sonnenstrahl blitzt unmittelbar vor Beginn der totalen Finsternis am Rand der dunklen Mondkugel vorbei ins Bild. Dieser Diamantringeffekt gehört ebenso wie das vorausgehende Perlschnurphänomen zu den faszinierendsten Momenten einer totalen Sonnenfinsternis. Die Perlschnur entsteht, wenn einzelne Sonnenstrahlen durch Täler am Mondrand vorbei auf den Beobachter treffen. Im Zuge der voranschreitenden Finsternis schrumpft diese Kette schließlich zum Diamantring.

Für Astronomen sind Finsternisse nicht bloß schöne und faszinierende Schauspiele, sie bieten darüber hinaus die seltene Chance, die äußere, dünne Sonnenatmosphäre, die sogenannte Korona, direkt zu beobachten. Dies war vor allem zu der Zeit wichtig, als es noch keine Raumsonden gab, die heutzutage oberhalb der Erdatmosphäre mit einer einfachen Scheibenblende eine künstliche Sonnenfinsternis erzeugen können.

Die grelle Sonnenscheibe, auch als Photosphäre bekannt, markiert jene Grenzfläche, an der das heiße Sonnengas durchlässig für sichtbares Licht wird. Sie ist etwa 500 Kilometer dick und besitzt einen Durchmesser von rund 1,4 Millionen Kilometer. Die äußeren Bereiche der Sonne erfüllen allerdings einen wesentlich größeren Raum. Unmittelbar über der Photosphäre liegt die dünne Chromosphäre, in der sich ein Großteil der Sonnenaktivität abspielt. Nach außen schließt sich die Übergangszone an, die die Verbindung zur Korona herstellt. Hier ist das Gas zwar nur noch sehr dünn verteilt, dafür aber extrem heiß: Während die Photosphäre nur etwa 5500 Grad Celsius erreicht, steigen die Werte in der Korona auf mehr als eine Million Grad an.

OBJEKT:	**Sonne**
MITTL. ENTFERNUNG:	**149,6 Millionen Kilometer**
DURCHMESSER:	**1,392 Millionen Kilometer**
AUFNAHME:	**Amateur-Instrumente**

JETS IN CARINA

Wie ein freistehender Zeugenberg ragt diese Gas- und Staubwolke vor dem dunkelblauen Hintergrund auf – als Teil des Carina-Nebels NGC 3372 in rund 7500 Lichtjahren Entfernung. Da die rund drei Lichtjahre breite Spitze dieser „Säule der Schöpfung" von der energiereichen Strahlung heißer Sterne in der Nachbarschaft (außerhalb des Bildes) bombardiert wird, dampft ein Teil des Gases ab und erfüllt die unmittelbare Umgebung mit einem grünlich gelben Leuchten.

In den turbulenten Gas- und Staubwolken, die diese Säule erfüllen, wachsen neue Sterne heran. Dieser Prozess beginnt, wenn eine vergleichsweise kleine Region des Nebels unter ihrer eigenen Schwerkraft kollabiert und sich zu einer flachen, immer schneller rotierenden Materiescheibe verformt. Im Zentrum dieser Scheibe entsteht zunächst ein Protostern, der immer mehr Materie aufsaugt und dadurch dichter und heißer wird. Überschüssiges Material, das nicht im heranwachsenden Stern eingelagert werden kann, wird in der Regel entlang der Rotationsachse der Scheibe in entgegengesetzte Richtungen davongeschleudert, was zur Entstehung eines bipolaren Gasstroms führt. Solche Gasjets sind zu beiden Seiten des dunklen Wolkenkerns im oberen Bereich der Säule zu erkennen. Das Gas strömt hier mit Geschwindigkeiten von bis zu 1,4 Millionen Kilometer pro Stunde davon, und der gesamte Jet, der sich anhand leuchtender Knoten verfolgen lässt (dort trifft die Strömung mit umgebenden Gaswolken zusammen), erreicht eine geschätzte Länge von rund zehn Lichtjahren.

OBJEKT:	**Carina-Nebel, NGC 3372**
ENTFERNUNG:	**7500 Lichtjahre**
REKTASZENSION:	**$10^h\ 43^m\ 52^s$**
DEKLINATION:	**$-59°\ 55'\ 21''$**
AUFNAHME:	**HUBBLE-Weltraumteleskop, Wide Field Camera 3**

STREIFEN AUF TRITON

Neptuns größter Mond präsentiert auf diesem VOYAGER-2-Bild eine einzigartige Mischung aus blassgrünen und braunen Landschaften, die vom fahlen Licht der weit entfernten Sonne erhellt werden. Der ferne Trabant ist zwar mit einer Oberflächentemperatur von –235 Grad Celsius einer der kältesten Orte im Sonnensystem, zeigt aber zugleich eine verblüffende Aktivität. Die glatteren blassbraunen Gebiete der südlichen Hemisphäre (links im Bild) weisen ein Streifenmuster aus dunklen Staubbändern auf und verraten damit die Präsenz von „Eisgeysiren", Gasströmen, die fein zerriebene beziehungsweise verdampfte Materie hoch in die extrem dünne Atmosphäre des Mondes schleudern.

Die Astronomen vermuten, dass Triton seine innere Aktivität der Einwirkung von Gezeitenkräften verdankt – ähnlich wie bei den aktiven Monden von Jupiter und Saturn. In seinem Fall haben die Gezeitenkräfte allerdings eine ungewohnte Ursache. Triton gilt als fremder Himmelskörper, der irgendwann in der Vergangenheit von Neptun eingefangen wurde und schließlich durch Schwerkräfte in seine heutige Bahn gezwungen wurde, die zwar perfekt kreisförmig ist, aber gegenläufig zu den übrigen Monden. In den Zeiten der stärksten Erwärmung dürften damals weite Teile der Tritonkruste aufgeschmolzen worden sein, was schließlich zu der Bildung des hügeligen Cantaloupe-Terrains im Bereich des Tritonäquators führte.

Während ihrer Passage am sonnenfernsten Planeten bewegte sich die VOYAGER-2-Sonde rund doppelt so schnell wie ein APOLLO-Raumschiff. Die fotografierten Himmelskörper wurden dagegen so spärlich beleuchtet, dass die Belichtungszeiten eine Minute und länger dauerten. Zum Glück waren die Kameras auf drehbaren Plattformen montiert, sodass sie mit der passenden Geschwindigkeit „nachgeführt" werden konnten.

OBJEKT:	**Neptunmond Triton**
MIN. ENTFERNUNG:	**4,3 Milliarden Kilometer**
DURCHMESSER:	**2707 Kilometer**
AUFNAHME:	**Raumsonde VOYAGER 2, Imaging Science Subsystem**

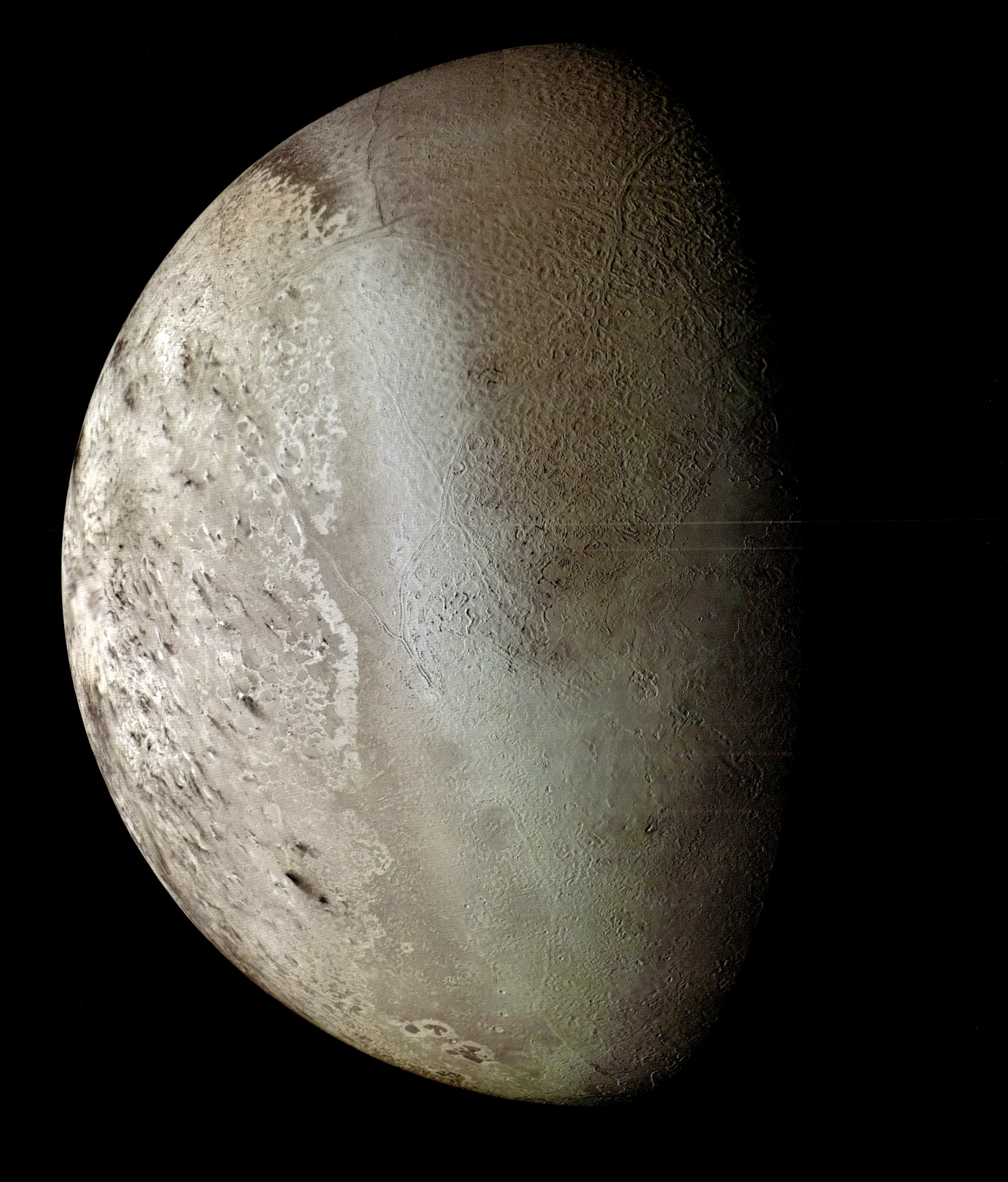

EISKUGEL EUROPA

Auffällig orangebraune Höhenrücken durchziehen die weitgehend flache Landschaft Europas in dieser kontrastverstärkten Farbansicht, die von der NASA-Sonde GALILEO übermittelt wurde. Im Gegensatz zu dem von Vulkanen geprägten inneren Nachbarmond Io (siehe Seite 34) erscheint Europa als eine friedlich stille Welt, die sich im normalen Licht als glatte, strahlend helle und weitgehend strukturlose Eiskugel präsentiert. Erst nach der entsprechenden Bildbearbeitung wird das engmaschige Netz aus bräunlichen Hügelketten sichtbar. Dahinter verbergen sich vermutlich Gebiete, in denen frisches Eis, das zahlreiche Molekülverbindungen enthält, von innen durch Spalten an die Oberfläche gedrungen ist. Die flexible Kruste entspannt sich darüber hinaus im Laufe der Zeit, wodurch selbst größere Einschlagkrater rasch eingeebnet werden.

Diese fremdartigen Strukturen gehen auf einen globalen Ozean aus flüssigem Wasser unter der Eiskruste Europas zurück, der möglicherweise bis zu hundert Kilometer tief ist. Das Wasser wird durch Vulkane am Meeresboden flüssig gehalten, die ihrerseits ihre Energie aus den gleichen Gezeitenkräften wie die Vulkane Ios beziehen. Manche Forscher wollen nicht ausschließen, dass dieses nährstoffreiche Wasser vielleicht sogar die Entstehung fremder Lebensformen begünstigt haben könnte.

OBJEKT:	**Jupitermond Europa**
MIN. ENTFERNUNG:	**588 Millionen Kilometer**
DURCHMESSER:	**3138 Kilometer**
AUFNAHME:	**Raumsonde GALILEO, Solid State Imager**

➤ RECHTS

MARS IN 3D

Diese ungewöhnliche Falschfarbendarstellung eines komplexen Geländestreifens stammt aus einer Gegend am Rande der Südpolregion des Mars. Die Farben entsprechen unterschiedlichen Höhen, von grauen und roten Gipfelhöhen bis zu den grünen und blauen Senken; Norden ist rechts. Das Bild wurde aus Messdaten der europäischen MARS-EXPRESS-Mission erstellt, die mit einer einmaligen Kamera ausgestattet ist: Die High-Resolution Stereo Camera erlaubt eine dreidimensionale Kartierung der Marsoberfläche.

Während die Nordpolregion des Mars von Sandwüsten umgeben ist, enthält die Südpolregion dicke Eisschichten, die teilweise von einer dünnen Bodendecke geschützt werden. Die Dicke dieses Eispanzers nimmt nach links (Süden) zu und erreicht am Südpol selbst mehr als 3,5 Kilometer. Einschlagkrater erscheinen in diesem Gebiet verzerrt gegenüber Kratern auf festem Grund, und die fächerartigen Strukturen im mittleren Bereich des Bildes erinnern an irdische Gletscher.

OBJEKT:	**Mars**
MIN. ENTFERNUNG:	**55,6 Millionen Kilometer**
DURCHMESSER:	**6792 Kilometer**
AUFNAHME:	**Raumsonde MARS EXPRESS, High-Resolution Stereo Camera**

➤➤ NÄCHSTE DOPPELSEITE

SUPERHEISSE SONNE

Diese Ansicht der Sonne zeigt unser Zentralgestirn als ungewohnt strukturreiche Gaskugel in ebenso ungewohnten Farben. So erscheint sie im Licht kurzwelliger Ultraviolettstrahlung, die hier von dem Instrument zur Erfassung der Sonnenatmosphäre an Bord der NASA-Sonde Solar Dynamics Observatory aufgefangen wurde. Strahlung dieser Wellenlängen stammt von Gaswolken, deren Temperaturen zwischen 5000 und zwei Millionen Grad Celsius liegen. Diese Falschfarbendarstellung weist unterschiedliche Temperaturen aus, wobei Rot relativ kühlen 60.000 Grad entspricht, während Blau und Grün deutlich heißere Regionen mit bis zu einer Million Grad ausweisen.

Am Rand der zentralen Scheibe erkennt man pinkfarbene Bögen und Streifen, sogenannte Protuberanzen, die als dichtere Gaswolken entlang von Magnetfeldlinien aus der Photosphäre herausragen. Bei etwa zehn Uhr spannt sich eine extrem helle Protuberanz in weitem Bogen über die Sonnenoberfläche. Zusätzlich strömen die superheißen, extrem dünnen Gase der äußeren Sonnenatmosphäre – der Korona – in alle Richtungen davon.

Bilder wie dieses machen deutlich, dass sich das Magnetfeld der Sonne kontinuierlich verändert und entwickelt, und das in einem rund elfjährigen Zyklus, in dessen Verlauf nicht nur die Zahl der Flecken zu- und wieder abnimmt, sondern sich auch ihre Position langsam aus hohen solaren Breiten in Richtung Sonnenäquator verlagert. Die Lage und Stärke des Magnetfelds wirkt sich auf Häufigkeit und Intensität der Protuberanzen ebenso aus wie auf die von Sonnenflares und dunklen Sonnenflecken.

OBJEKT:	**Sonne**
MITTL. ENTFERNUNG:	**149,6 Millionen Kilometer**
DURCHMESSER:	**1,392 Millionen Kilometer**
AUFNAHME:	**Solar Dynamics Observatory (SDO), Atmospheric Imaging Assembly**

DIE EISKAPPE DES MARS

Die computergenerierte Karte von der Umgebung des Marssüdpols erweist sich als vielfarbiges abstraktes Gemälde; die entsprechenden Daten stammen von der Europäischen Raumsonde MARS EXPRESS und dem MARS GLOBAL SURVEYOR der NASA. Die unterschiedlichen Farben deuten Variationen in der Dicke der eishaltigen Ablagerungsschichten an, die die Südpolregion des Mars dominieren. Diese Schichten bestehen zum größten Teil aus Wassereis, dem geringe Mengen des typisch roten Marsstaubs beigemischt sind. Ihre Dicke reicht von wenigen Metern am Rand bis hin zu rund 3,7 Kilometern am Südpol selbst (siehe Seite 160). Farben spiegeln diese zunehmende Dicke von pinkfarben bis hin zu Rottönen, wobei die Gegend des eigentlichen Südpols durch einen dunkleren Kreis ausgespart wurde: Diese Region nördlich des 87. Breitengrads konnte von dem Radarsystem an Bord der MARS-EXPRESS-Sonde nicht erfasst werden.

Die Karte wurde anhand von Daten des MARSIS-Radar-Instruments an Bord von MARS EXPRESS erstellt, dessen Radarsignale das Eis zu einem Teil ungehindert durchdringen und erst an der Unterseite vom Felsboden reflektiert werden. Aus der Laufzeitdifferenz der verschiedenen Radarechos lässt sich die Dicke der Eisschicht ableiten, und diese Daten wurden dann mit einem detaillierten Höhenrelief der Marsoberfläche (erstellt vom MARS GLOBAL SURVEYOR) kombiniert. Die gesamte Eismenge der Südpolkappe ergäbe – gleichmäßig über die Marsoberfläche verteilt – einen elf Meter tiefen globalen Ozean.

OBJEKT:	**Mars**
MIN. ENTFERNUNG:	**55,6 Millionen Kilometer**
DURCHMESSER:	**6792 Kilometer**
AUFNAHME:	**Raumsonde MARS EXPRESS, MARSIS-Radar, und Raumsonde MARS GLOBAL SURVEYOR, Mars Orbiter Laser Altimeter**

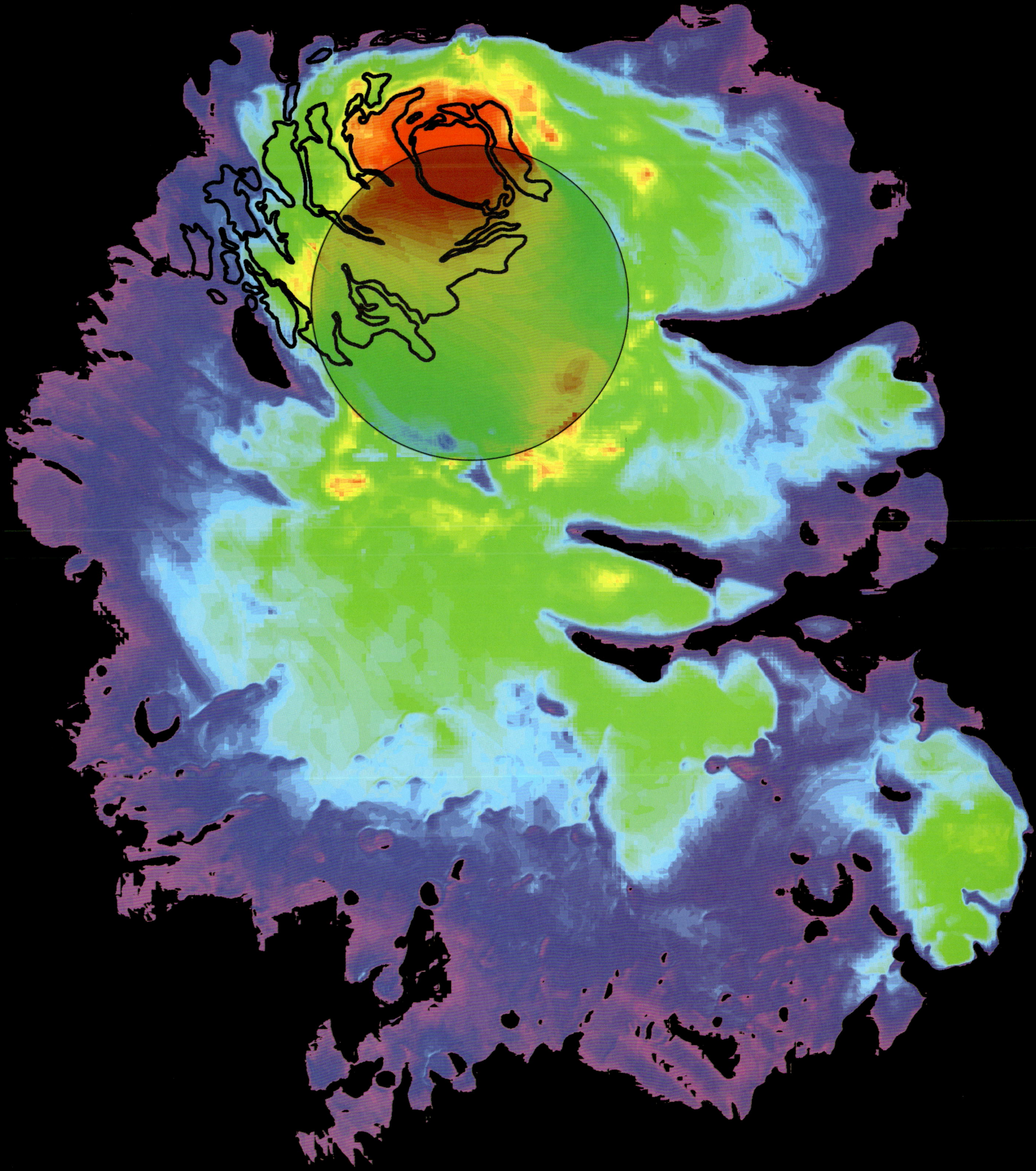

TAUMELNDER HYPERION

Mit seinem badeschwammähnlichen Aussehen kann der Saturnmond Hyperion zu Recht als der seltsamste Trabant im Sonnensystem bezeichnet werden. Auf den ersten Blick erscheint die Oberfläche des Mondes von den typischen Einschlagkratern übersät zu sein, doch bei näherem Hinsehen entdeckt man eine ungewöhnliche Besonderheit: dunkle Löcher, die durch scharfkantig erscheinende Wände aus hellem Material getrennt sind. Diese fremdartige Landschaft ist möglicherweise entstanden, als das schwache Sonnenlicht langsam den Eisanteil der aus einer Eis- und Gestein-Staub-Mischung bestehenden Mondkruste weg erodierte. Dadurch bröckelte das dunkle Staubmaterial nach innen, während die Reste an Eis als Trennwände erhalten blieben. Als Folge davon ist Hyperion heute ausgesprochen porös, mehr als die Hälfte seines Volumens umschließt leeren Raum.

Doch das ist nicht das einzig Auffällige an Hyperion: Er umrundet Saturn zwar auf einer klar definierten Bahn innerhalb von 21,25 Tagen, taumelt dabei aber völlig chaotisch durch den Raum – ohne klare Rotationsperiode oder gar Drehachse. Und mit einem größten Durchmesser von 360 Kilometern ist er eigentlich zu groß, um eine solch längliche Form zu besitzen – seine Schwerkraft sollte ihn theoretisch in eine kugelähnlichere Form gebracht haben. Möglicherweise ist Hyperion der verbliebene Rest eines ursprünglich größeren Objekts, das bei einer weit zurückliegenden Kollision zerstört wurde.

OBJEKT:	**Saturnmond Hyperion**
MIN. ENTFERNUNG:	**1,2 Milliarden Kilometer**
DURCHMESSER:	**360 × 280 × 225 Kilometer**
AUFNAHME:	**Raumsonde CASSINI, Imaging Science Subsystem**

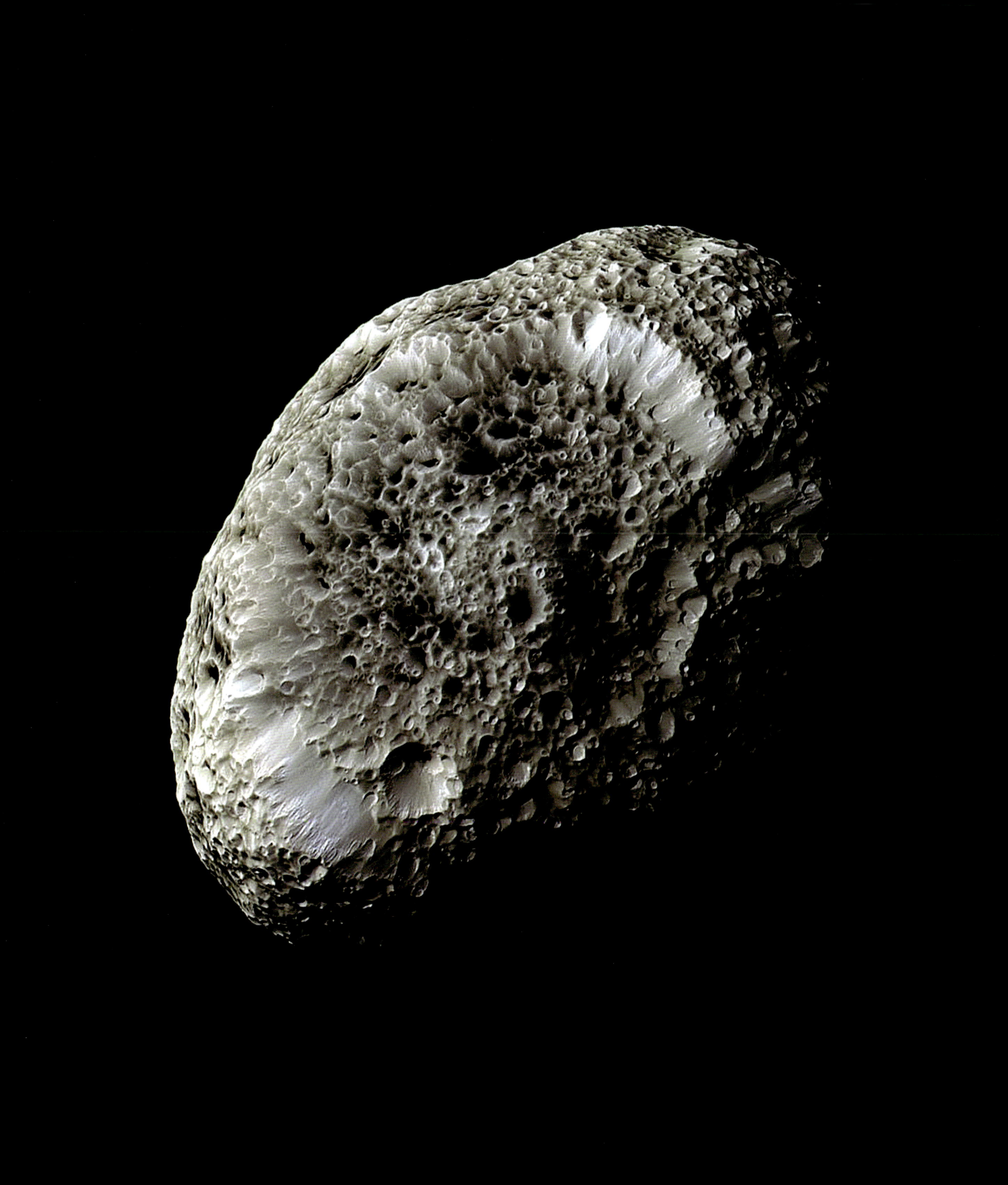

THARSIS THOLUS

Die verblüffende Farbverteilung dieser Höhenkarte verrät die Geheimnisse eines erloschenen Marsvulkans und enthüllt die weit zurückliegende Geschichte von Eruptionen und späterem Einsturz. Mit einer Gipfelhöhe von etwa acht Kilometern über der Umgebung ähnelt Tharsis Tholus zwar dem irdischen Mount Everest, doch nach den auf Mars geltenden Maßstäben erreicht er kaum mehr als Mittelmaß. Seine Basis bedeckt ein 155 × 125 Kilometer großes Gebiet, und die eingesunkene Caldera hat einen Durchmesser von etwa 33 Kilometern. Die umgebenden Steilwände ragen bis zu 2700 Meter hoch auf, und zwei zusätzliche Steilflanken lassen auf weitere Einsturz-Ereignisse schließen.

Tharsis Tholus zählt wie alle großen Marsvulkane zu den Schildvulkanen. So hat er sich als ein vielschichtiges Lavagebilde aufgetürmt, als über sehr lange Zeit immer wieder Lava aus einer Magmakammer im Untergrund durch Risse und Spalten an die Oberfläche drang und sich dort ergoss. Die ältesten Bereiche dürften vor etwa vier Milliarden Jahren entstanden sein, doch irgendwann versiegte der Nachschub, und der Schildvulkan brach schließlich teilweise ein, wobei die Caldera und weitere Kollapsspuren zurückblieben. Zwar sind Vulkane auf der Marsoberfläche ziemlich verbreitet, doch die meisten Großvulkane einschließlich Olympus Mons, dem größten Vulkan im Sonnensystem, konzentrieren sich weiter westlich auf eine Region, die als Tharsis-Aufwölbung bezeichnet wird. Diese gewaltige „Beule“ erhebt sich bis zu einer Höhe von acht Kilometern über den mittleren Marsradius und ist vermutlich durch einen alten „Hotspot“ im Innern des Planeten entstanden.

OBJEKT:	**Mars**
MIN. ENTFERNUNG:	**55,6 Millionen Kilometer**
DURCHMESSER:	**6792 Kilometer**
AUFNAHME:	**Raumsonde Mars Express, High-Resolution Stereo Camera**

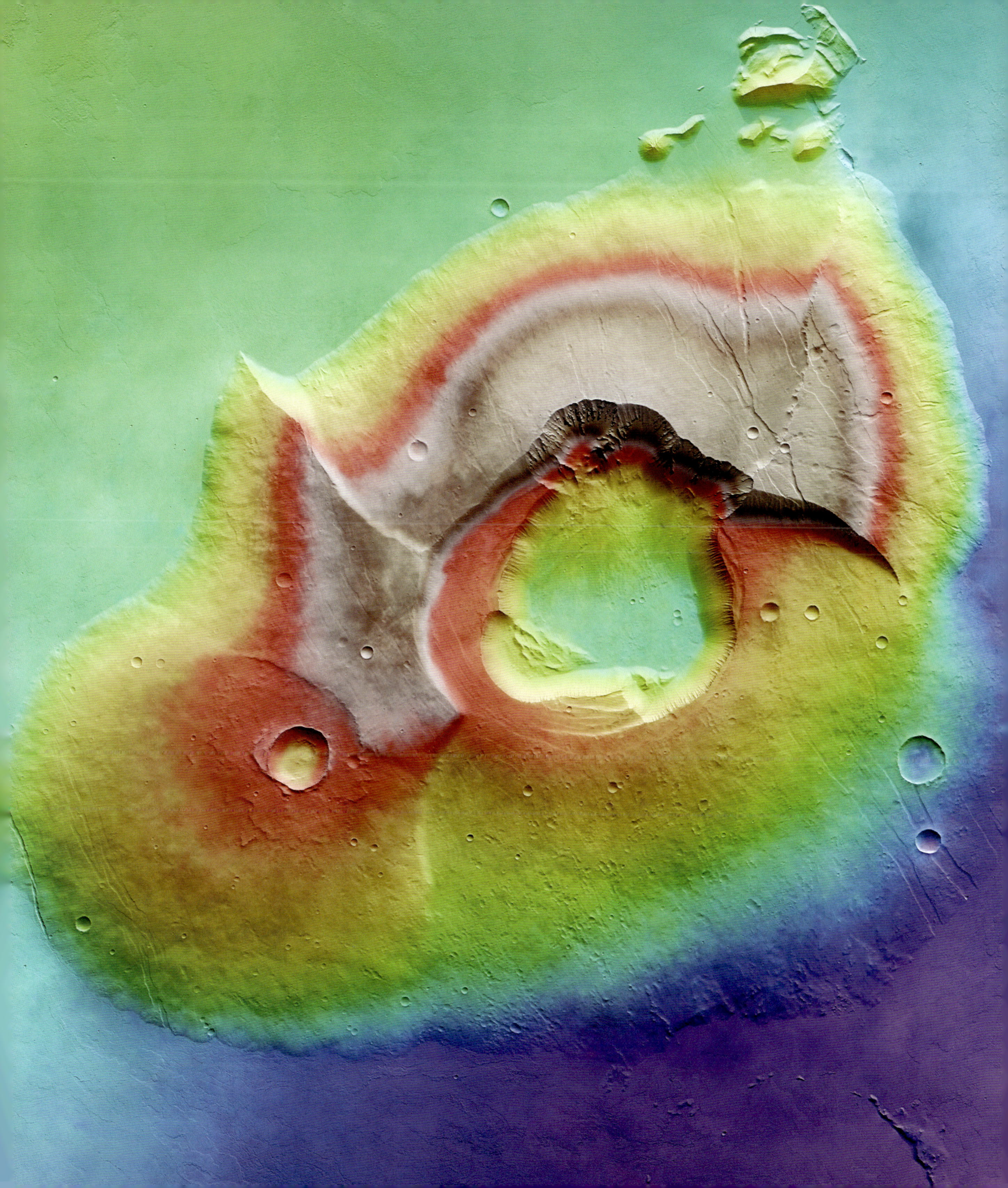

SONNENFLECKEN

Dieses scheinbare Durcheinander aus Zellen und Fäden erinnert eher an ein stark vergrößertes Mikroskopbild als an eine Aufnahme der Sonnenoberfläche. Dabei zeigt das Foto, das mit dem Schwedischen Sonnenteleskop auf La Palma durch ein engbandiges Filter aufgenommen wurde, tatsächlich die seltsam bizarre und äußerst bewegte „Landschaft“ der Sonnenphotosphäre, die durch die Wechselwirkung zwischen heißen Gasmassen und magnetischen Feldern in der Umgebung einer großen Sonnenfleckengruppe geschaffen wurde.

Sonnenflecken sind das auffälligste Phänomen der Sonnenaktivität, das von der Erde aus zu erkennen ist – dunkle Bereiche auf der hellen Sonnenoberfläche, die typischerweise zwischen ein paar Tagen und einigen Wochen überdauern. Durch die Sonnenrotation werden sie breitenabhängig innerhalb von 13 bis 15 Tagen von links nach rechts über die sichtbare Sonnenscheibe geführt und können Ausmaße von mehreren Zehntausend Kilometern erreichen. Sie erscheinen nur deshalb dunkel, weil sie im Vergleich zur Umgebung etwa 2000 Grad kühler sind. Sonnenflecken entstehen an den Fußpunkten von Magnetfeldbögen, die sich bilden, wenn aufsteigende magnetische Wülste die Sonnenoberfläche durchdringen und sich in die darüberliegende Atmosphäre wölben. Die Gasmassen, die entlang dieser Bögen aus der Sonnenoberfläche herausströmen, werden als Protuberanzen bezeichnet.

Im Umfeld der Flecken kann man auf dem Foto weitere Strukturen erkennen – hoch aufragende Flammensäulen, sogenannte Spiculae, sowie ein Netzwerk aus Zellen mit dunklen Rändern und hellen Zentren, das als Granulation bezeichnet wird. Die einzelnen Zellen, in denen heißes Gas aus der Tiefe aufsteigt, können Durchmesser von bis zu 1000 Kilometer erreichen.

OBJEKT:	**Sonne**
MITTL. ENTFERNUNG:	**149,6 Millionen Kilometer**
DURCHMESSER:	**1,392 Millionen Kilometer**
AUFNAHME:	**The Institute for Solar Physics, Swedish Solar Telescope**

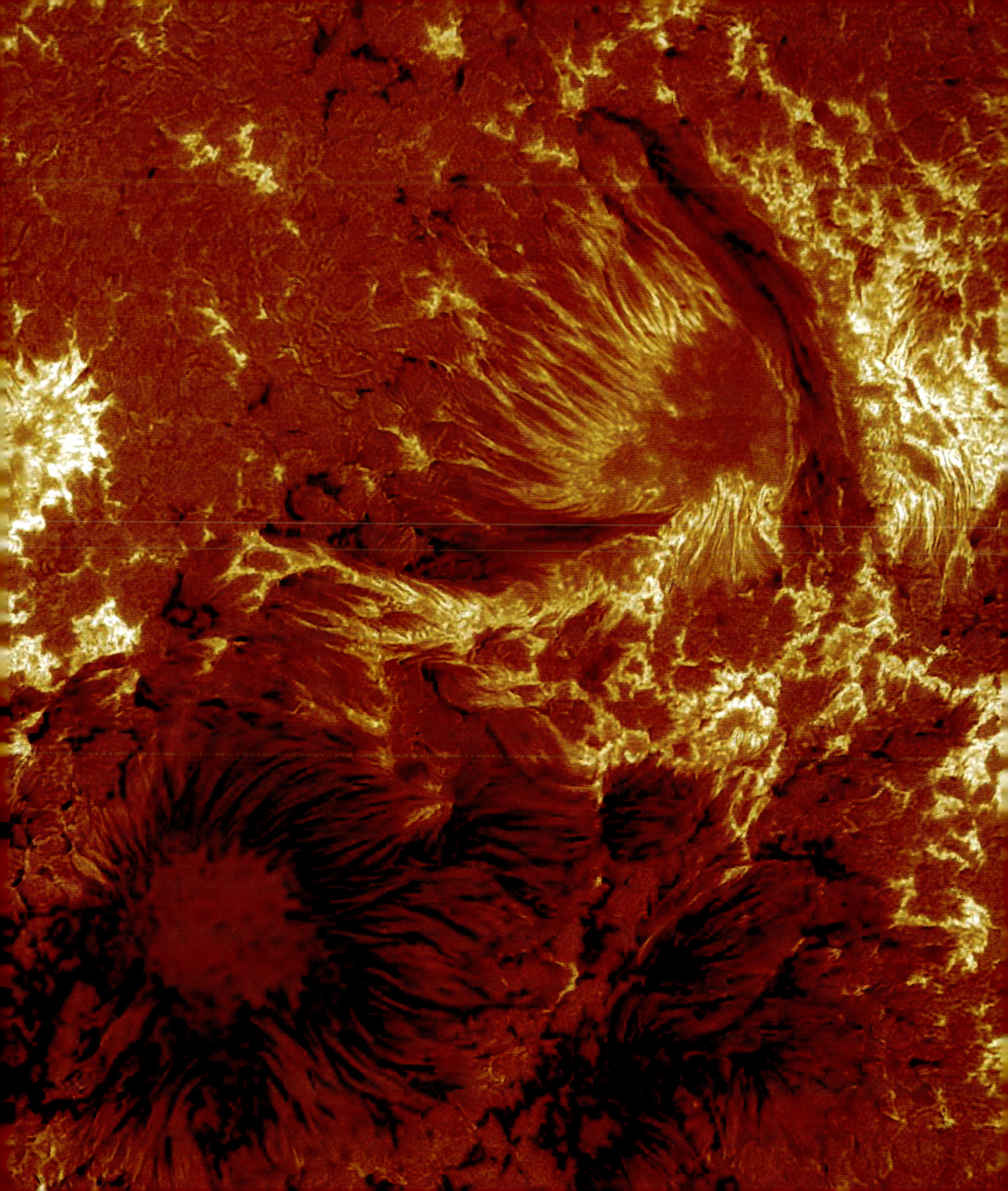

POLARES DÜNENFELD

Temperaturunterschiede prägen das Erscheinungsbild eines Dünenfeldes unweit der Nordpolarkappe des Mars – in diesem Falschfarbenbild des MARS-ODYSSEY-Orbiters wurden sie in kontrastierende Farben übersetzt. Die Sonde, die im Oktober 2001 in eine Umlaufbahn um den roten Planeten einschwenkte, konnte mit ihren Sensoren bestimmte Eigenschaften der Marsatmosphäre und seiner Oberfläche erfassen, darunter auch Temperatur und chemische Zusammensetzung. Das Bild kombiniert Messungen mit dem THEMIS-Instrument zwischen Dezember 2002 und November 2004, wobei wärmere Regionen in Gelb und Orange dargestellt sind, kältere in Blau und Weiß. Der dunklere Sand in den Dünen nimmt mehr Wärme auf als das Gestein darunter und erscheint daher auf dem Bild wärmer.

Die Aufnahme zeigt einen etwa 30 Kilometer breiten Ausschnitt auf 80 Grad nördlicher Breite und demonstriert, dass die Dünen in der Umgebung des Nordpols durch die dort vorherrschenden Winde zu länglichen Sicheln geformt werden. Während die Südpolarregion zwar viel Wassereis unter der Oberfläche enthält, bestehen die sichtbaren Polkappen vorwiegend aus Kohlendioxideis, das im Herbst ausfriert und im Frühjahr wieder abdampft. Dadurch kommt es im jahreszeitlichen Rhythmus zu einem großflächigen Austausch des Kohlendioxids zwischen den Polen, und die damit verbundenen Windströmungen gestalten nicht nur das Aussehen der Dünenfelder, sondern auch die Spiralstrukturen in den Polkappen selbst.

OBJEKT:	**Mars**
MIN. ENTFERNUNG:	**55,6 Millionen Kilometer**
DURCHMESSER:	**6792 Kilometer**
AUFNAHME:	**Raumsonde MARS ODYSSEY, Thermal Emission Imaging System (THEMIS)**

ABSTIEG ÜBER TITAN

Die vier Panoramastreifen dokumentieren den Abstieg der ESA-Sonde HUYGENS durch die Atmosphäre einer fremden Welt: Jeder Streifen wurde aus Bildern erstellt, die diese während des Anflugs auf die Oberfläche des Saturnmondes Titan am 14. Januar 2005 zur Erde übermittelte.

Die undurchsichtige Dunstschicht in der Titanatmosphäre hatte die Astronomen seit dem Vorbeiflug der beiden VOYAGER-Sonden Anfang der 1980er-Jahre gleichermaßen frustriert und zu neuen Anstrengungen motiviert, die darunterliegenden Geheimnisse zu entschleiern. So wurde CASSINI mit einer Infrarotkamera ausgestattet, die durch die Wolkenschicht hindurch eine erdähnliche Oberfläche enthüllen konnte. Die Landekapsel HUYGENS, die nahe der äquatornahen Region Xanadu landete, fotografierte vor dem Aufsetzen Geländeformationen, die nur durch die erodierende Wirkung einer Flüssigkeit entstanden sein können. Der Landeplatz selbst erwies sich allerdings als weitgehend trocken. Später gelang CASSINI der Nachweis von Seen in den Polgegenden des Saturnmondes (siehe Seite 22) und bestätigte damit die Vermutung der Forscher, dass Titan ein komplexes Wettersystem auf der Basis von flüssigem, festem und gasförmigem Methan besitzt.

OBJEKT:	**Saturnmond Titan**
MIN. ENTFERNUNG:	**1,2 Milliarden Kilometer**
DURCHMESSER:	**5152 Kilometer**
AUFNAHME:	**Raumsonde CASSINI/HUYGENS, Descent Imager/Spectral Radiometer**

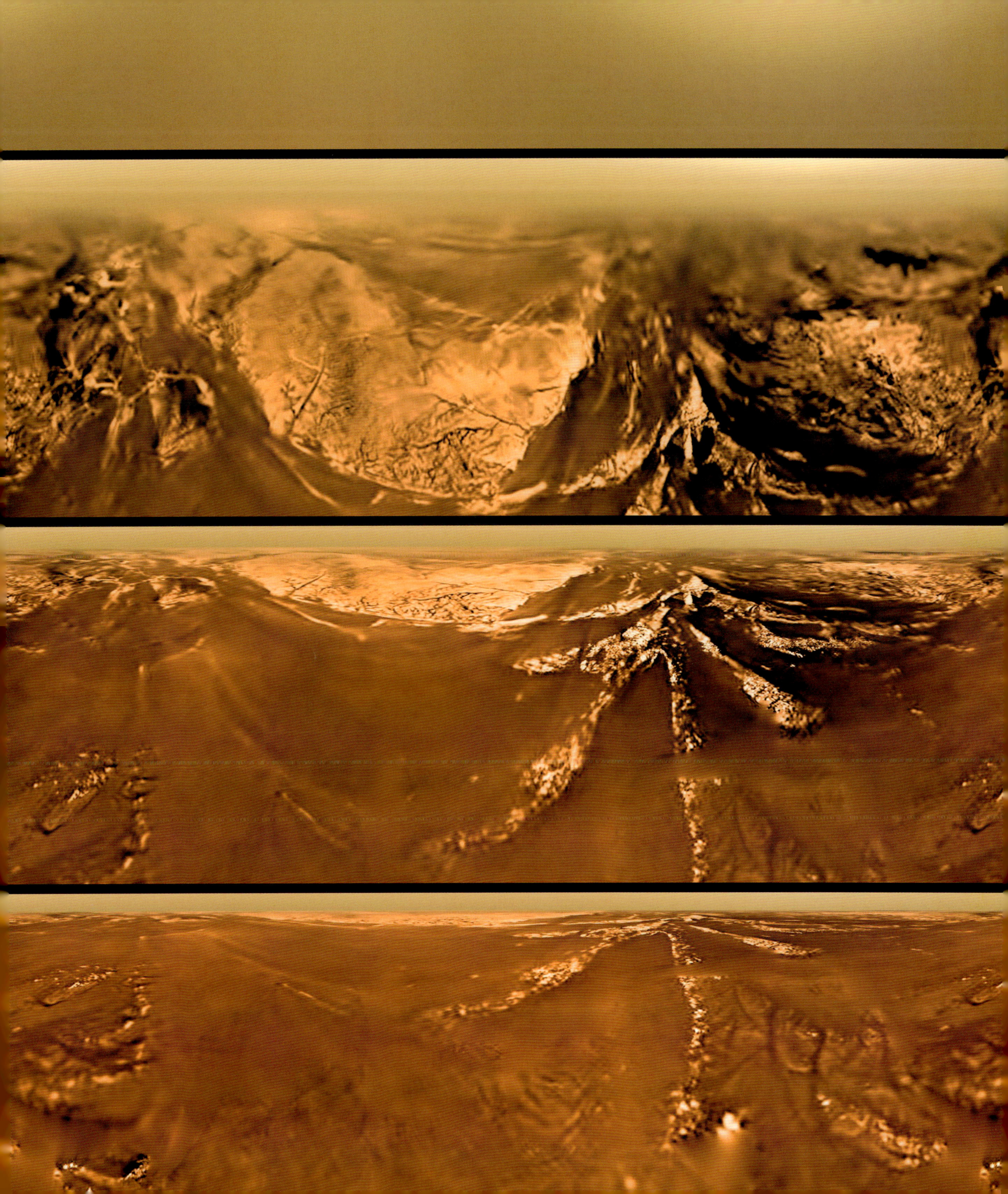

SCHNEE VON ENCELADUS

Der Saturnmond Enceladus präsentiert sich auf dieser Aufnahme der Raumsonde CASSINI als strahlend bläulich weiße Kugel. Beim direkten Anblick erscheint Enceladus rein weiß, denn seine Oberfläche reflektiert das auftreffende Sonnenlicht so gut wie kein anderes Objekt im Sonnensystem – hier aber wurden geringe Farbunterschiede verstärkt, um Strukturen wie Falten, Krater und die berühmten „Tigerstreifen" auf der Südhalbkugel hervortreten zu lassen. Enceladus verdankt sein glänzendes Aussehen einem steten Nachschub an frischem Schnee, der von geysirähnlichen Aktivitäten stammt; diese werden aus Reservoirs von flüssigem Wasser knapp unter der Oberfläche gespeist. Anfangs nur als Hypothese diskutiert, konnten diese Geysire beim Durchflug der Sonde durch eine der hochaufschießenden Fontänen bestätigt werden. Dabei zeigte sich, dass dort reines Wasser austritt und unmittelbar danach zu Eiskristallen ausfriert.

Auch Enceladus dürfte die Energie für seine Aktivitäten aus Gezeitenkräften beziehen – er ist offenbar das Objekt eines ständigen Tauziehens zwischen Saturn und dem äußeren Mondnachbarn Dione. An den Tigerstreifen ist die Eiskruste unter den Belastungen besonders dünn und warm, und so können hier die meisten Geysir-Fontänen beobachtet werden. Zwar sinkt ein Großteil des austretenden Wassers als Schnee zurück auf die Mondoberfläche, doch der Rest entkommt seinem Schwerefeld und wird durch Saturns Schwerkraft dem durchscheinenden äußeren „E-Ring" zugeführt (siehe Seite 146).

OBJEKT:	**Saturnmond Enceladus**
MIN. ENTFERNUNG:	**1,2 Milliarden Kilometer**
DURCHMESSER:	**504 Kilometer**
AUFNAHME:	**Raumsonde CASSINI, Imaging Science Subsystem**

SCHMETTERLINGSNEBEL

Mit seinen weit ausgebreiteten, farbigen Flügeln erscheint der Schmetterlingsnebel NGC 6302 vor dem Dunkel des Weltraums als spektakuläres Gebilde voller Bewegung – scheinbar grundverschieden zu Objekten wie dem Ringnebel oder dem Helixnebel (siehe Seiten 20 und 116). Dabei handelt es sich in allen drei Fällen um die gleiche Objektklasse – Planetarische Nebel, die das Ende eines sonnenähnlichen Sterns begleiten, wenn dieser seine äußeren Schichten abstößt.

Der scheinbare Unterschied ergibt sich in erster Linie aus der Blickrichtung. Auf den Schmetterlingsnebel blicken wir von der Seite und können so sehen, wie die Materie in expandierenden Gashüllen von dem zentralen Stern davonströmt; der Stern selbst ist von einem dichten Staubring umgeben. Ring- und Helixnebel sind dagegen so ausgerichtet, dass wir von oben (oder unten) auf die expandierenden Gashüllen blicken und so nur deren kreisrunde Ränder erkennen.

Der Zentralstern des Schmetterlingsnebels wird zwar von einer ringförmigen Staubwolke verdeckt, doch verraten seine Auswirkungen auf die umgebenden Nebelstrukturen, dass er einer der heißesten bekannten Sterne sein muss – mit einer geschätzten Oberflächentemperatur von 200.000 Grad Celsius. Der Staubring selbst enthält unterdessen eine Vielzahl von Molekülsorten, darunter auch kohlenstoffhaltige Verbindungen, das Mineral Kalzit und Hagelkörner aus gefrorenem Wasser. Diese Verbindungen müssen während der Lebensphase des Sterns als Roter Riese in dessen kühler Außenhülle entstanden sein und konzentrieren sich nun im umgebenden Gas- und Staubring. Man nimmt an, dass die beiden hellen, zentralen Blasen vor etwa 2000 Jahren freigesetzt wurden, weiter draußen lassen sich die Überreste vorausgegangener Eruptionen erkennen.

OBJEKT:	**Schmetterlingsnebel, NGC 6302**
ENTFERNUNG:	**3800 Lichtjahre**
REKTASZENSION:	**$17^h\ 13^m\ 43^s$**
DEKLINATION:	**−37° 06′ 10″**
AUFNAHME:	**HUBBLE-Weltraumteleskop, Wide Field Camera 3**

6 ANFANG UND ENDE

IN DER SÜDLICHEN KRONE

Helle und dunkle Wolken wabern und wirbeln in dieser Sternentstehungsregion umeinander, die ihrerseits den Blick auf weiter entfernte Sternfelder versperrt. Dieser ungewöhnliche Nebel umgibt unter anderem die jungen Sterne R Coronae Australis (nahe dem linken Bildrand oberhalb der Mitte) und TY Coronae Australis (rechts darüber) im Sternbild Südliche Krone, die etwa 420 Lichtjahre von der Erde entfernt sind. Beide „Sternkinder" verändern ihre Helligkeit noch unregelmäßig – sie stoßen überschüssige Materie aus und pulsieren gleichzeitig, während sie langsam an Stabilität gewinnen und die lange Phase beständigen Leuchtens ansteuern.

Diese vergleichsweise leichtgewichtigen Sterne produzieren nicht genügend Ultraviolettstrahlung, um das umgebende Gas zum typisch pinkfarbenen Leuchten einer Sternentstehungsregion anzuregen. Stattdessen reflektieren die Wolken das auftreffende Sternlicht hauptsächlich. Und weil ihre Bestandteile – ähnlich wie die Moleküle der Erdatmosphäre – das kurzwellige, blaue Licht besser streuen als das langwellige, rote Leuchten, erscheinen die Reflexionsnebel vornehmlich in einem gespenstischen Blauton.

Unterdessen ragt von links ein dunkler Finger aus kaltem Gas ins Bild – eine Wolke mit Rohstoffen für neue Sterne, aus der auch die bereits fertigen Sterne entstanden sind. Junge, neue Sternbabys schimmern bereits durch die Dunkelwolke hindurch – sie wären mit Infrarotteleskopen wesentlich besser zu erkennen.

OBJEKTE:	**R und TY Coronae Australis**
ENTFERNUNG:	**420 Lichtjahre**
REKTASZENSION:	**$19^h\ 01^m\ 54^s$**
DEKLINATION:	**–36° 57′ 08″**
AUFNAHME:	**Europäische Südsternwarte (ESO), MPG/ESO-2,2-m-Teleskop**

THORS HELM

Mächtige Schwingen aus leuchtendem Gas flankieren eine stahlblaue Kuppel und verleihen der ganzen Struktur von NGC 2359 ein Erscheinungsbild, das zu dem Beinamen Thors Helm geführt hat – alternativ auch als Entennebel bekannt. Der Gasnebel im Sternbild Großer Hund ist rund 15.000 Lichtjahre entfernt und erfüllt einen Raum von etwa 30 Lichtjahren Durchmesser.

Das Bild vom Cerro Tololo Inter-American Observatory zeigt die Sterne in Echtfarben, hingegen gibt es das Wasserstoff- und Sauerstoffleuchten der Gaswolken in rot und blaugrün verstärkt wieder. Der rötliche Rand zeigt deutlich, dass dieser Nebel in eine interstellare Wolke aus Gas und Staub eingebettet ist.

Die eigentliche Helmschale lässt die Kräfte erahnen, die hier am Werke sind – seine stark zergliederte Oberfläche ähnelt verblüffend dem Blasennebel (siehe Seite 118) und hat einen vergleichbaren Ursprung: Hochgeschwindigkeitssternwinde eines zentralen, extrem heißen Wolf-Rayet-Sterns lassen überall dort eine leuchtende Stoßfront entstehen, wo sie auf umgebendes interstellares Gas treffen. Im Fall von NGC 2359 wird die Situation noch dadurch geprägt, dass das ganze System mit großer Geschwindigkeit durch dieses interstellare Gas rast. So entsteht eine zusätzliche Stoßfront ähnlich der Bugwelle eines Schiffs, die als seitliche Helmschwingen sichtbar wird.

OBJEKT:	**Thors Helm, NGC 2359**
ENTFERNUNG:	**15.000 Lichtjahre**
REKTASZENSION:	**$07^h\ 18^m\ 30^s$**
DEKLINATION:	**$-13°\ 13'\ 48''$**
AUFNAHME:	**Cerro Tololo Inter-American Observatory, Prompt Telescopes**

MIMAS UND DIE RINGE

Diese faszinierende Studie aus Licht und Schatten zeigt das reizvolle Wechselspiel zwischen Saturn, seinen Ringen und seinen Monden. Das atemberaubende Bild der Raumsonde CASSINI präsentiert den kleinen Mond Mimas vor der Planetenkugel schwebend im Grenzbereich zwischen auftreffendem Sonnenlicht und dem Schatten der breiten Ringstruktur. Nahe dem unteren Bildrand sieht man Teile des extrem flachen Ringbandes als helle Struktur vor der abgeschatteten Saturnkugel. Das Bild entstand 2004, kurz nach dem Erreichen der Umlaufbahn um Saturn. Damals herrschte auf der Südhalbkugel des Planeten gerade Hochsommer, während die Nordhalbkugel vom Winter erfasst war. CASSINI blickt hier von unterhalb der Ringebene hinauf zu dem nur etwa 400 Kilometer großen Eismond Mimas, der aus dieser Perspektive gerade zwischen dem Außenrand des B-Ring-Schattens und der hellen Schattenlücke der Cassini-Teilung schwebt.

Weite Teile der Winterhemisphäre sind auf diesem Bild in den Schatten der Ringe getaucht: Unten links erkennt man die vergleichsweise lichten Schatten von D- und C-Ring, dann folgt das breite Schattenband des B-Rings, die Schattenlücke der Cassini-Teilung und darüber der innere Bereich des A-Ring-Schattens. Am unteren Bildrand erkennt man einen Teilbereich des A-Rings mit der schmalen Encke-Teilung, um den sich nach außen noch der extrem dünne F-Ring spannt (vgl. Seite 146).

OBJEKT:	**Saturnmond Mimas**
MIN. ENTFERNUNG:	**1,2 Milliarden Kilometer**
DURCHMESSER:	**396 Kilometer**
AUFNAHME:	**Raumsonde CASSINI, Imaging Science Subsystem**

WARME KATZENPFOTEN

Zahllose Sterne treten auf diesem Infrarotbild des berühmten Katzenpfotennebels NGC 6334 aus dem Dunkel interstellarer Staubwolken hervor. Im sichtbaren Licht wird dieser Nebel von rötlichen Gaswolken und dunklen Staubwolken geprägt, die zusammen den typischen Abdruck einer Katzenpfote entstehen lassen (siehe Seite 128), während das Infrarotbild auch die Wärmestrahlung der von den Staubwolken verdeckten Sterne innerhalb des Nebels und aus dem Hintergrund des Bildes erfasst.

Die Aufnahme stammt von VISTA, dem 4,1-Meter-Teleskop der ESO auf dem Cerro Paranal für Himmelsdurchmusterungen im sichtbaren und im nahen Infrarotbereich. In der kalten, trockenen Höhenluft der Atacama-Wüste im Norden Chiles kann VISTA die nahe Infrarotstrahlung empfangen, die zwar die interstellaren Staubwolken durchdringen, zumeist aber auf den letzten Kilometern durch den Wasserdampf in der Erdatmosphäre verschluckt wird.

Das Ergebnis ist dieses sternenübersäte Panorama, das in einer Entfernung von 5500 Lichtjahren einen Raumbereich von etwa 50 Lichtjahren Ausdehnung erfasst. Die Gaswolken erscheinen halbdurchsichtig und lassen die neu geborenen Sterne und Sternhaufen in ihrem Innern sichtbar werden. Die dichtesten Staubwolken erscheinen stellenweise orange gefärbt. Man nimmt an, dass dort Materiejets von noch entstehenden Sternen auf die umgebenden Gaswolken treffen und diese aufheizen.

OBJEKT:	**Katzenpfotennebel, NGC 6334**
ENTFERNUNG:	**5500 Lichtjahre**
REKTASZENSION:	**$17^h\ 19^m\ 58^s$**
DEKLINATION:	**−35° 57′ 47″**
AUFNAHME:	**Europäische Südsternwarte (ESO), Visible and Infrared Survey Telescope for Astronomy (VISTA)**

MYSTISCHER BERG

Eine Vielzahl außergewöhnlich verdrehter Spitzen ragt aus einer Staubwolke innerhalb des Carina-Nebels auf, und die Nebelschwaden, die sich von ihren Rändern lösen, rufen Erinnerungen an das „Auge des Sauron“ aus dem Film zu Tolkiens „Herr der Ringe“ wach. Diese fremdartige Landschaft, die von den Astronomen nach der Großaufnahme mit dem HUBBLE-Weltraumteleskop 2010 den Beinamen „Mystic Mountain“ erhielt, erstreckt sich über rund drei Lichtjahre und ist etwa 7500 Lichtjahre entfernt. Blautöne gehen auf die Strahlung von Sauerstoffatomen zurück, grün zeigt Wasserstoff und Stickstoff an, während Licht von Schwefelatomen rot erscheint.

Die Ähnlichkeit dieser spiralförmigen Türme mit irdischen Tornadowirbeln ist nicht zufällig – dahinter stecken die gleichen physikalischen Gesetzmäßigkeiten. Die großen Temperaturunterschiede zwischen der von außen aufgeheizten „Haut“ einer stauberfüllten Gassäule und ihrem kalten Innern können zusammen mit dem Lichtdruck des auftreffenden Sternlichts Scherkräfte bewirken, die die Wolke in eine tornadoähnliche Form bringen. Dabei zeigt der Dunst des abströmenden Gases an, wo die dichte Wolke von der auftreffenden Ultraviolettstrahlung benachbarter Sterne ionisiert wird.

Die vielleicht auffälligsten Formationen aber sind die Materiejets, die an mehreren Stellen aus den Dunkelwolken hervorschießen. Solche als Herbig-Haro-Objekte bezeichneten Regionen stammen von neu entstandenen Sternen, die noch von nachrückenden Gas- und Staubmassen eingehüllt sind, aber bereits überschüssiges Material über die Polbereiche nach außen „entsorgen“.

OBJEKT:	**Carina-Nebel, NGC 3372**
ENTFERNUNG:	**7500 Lichtjahre**
REKTASZENSION:	**$10^h\,44^m\,05^s$**
DEKLINATION:	**–59° 29′ 45″**
AUFNAHME:	**HUBBLE-Weltraumteleskop, Wide Field Camera 3**

INFRAROT-REGENBOGEN

Die vertrauten Farben des sichtbaren Lichts sind eine physiologische Umsetzung der unterschiedlichen Wellenlängen elektromagnetischer Strahlung durch das Auge und unser Gehirn – dabei sehen wir kurzwelliges Licht als violett, langwellige Strahlung als rot, und dazwischen gibt es das breite Spektrum der Regenbogenfarben. Allerdings erfasst unser Auge nur einen kleinen Ausschnitt des gesamten elektromagnetischen Spektrums, sozusagen eine Oktave aus einer viel größeren Klaviatur. Doch auch in anderen Bereichen lassen sich verschiedene Wellenlängen in unterschiedliche Farben „transformieren". Diese ungewöhnliche Ansicht eines Teils des bekannten Orion-Nebels versucht die Infrarot-Farbfülle dieser Region durch den Einsatz von Falschfarben zu vermitteln.

Das SPITZER-Weltraumteleskop kann vergleichsweise kurzwellige und damit energiereiche Infrarotstrahlung aufnehmen, seine Ansicht im Bereich zwischen acht und 24 Mikrometer ist hier blau wiedergegeben. Das HERSCHEL-Weltraumobservatorium registriert zwischen 70 und 160 Mikrometer die Strahlung kühlerer Regionen, die hier in grün und rot präsentiert werden. Im Farbkomposit verschwindet die vertraute Struktur des Orion-Nebels fast völlig (siehe Seite 96), doch dafür treten andere Details hervor. Besonders bemerkenswert sind die Sternembryos, die rechts unterhalb der Mitte inmitten von kühlen Staubwolken sichtbar werden. Die Infrarotfarben in ihrer Umgebung lassen vermuten, dass das Gas dort rasch aufgeheizt wurde und ebenso rasch wieder abkühlte, als mehrere Stoßfronten diese turbulente Region des Nebels durchquerten.

OBJEKT:	**Orion-Nebel, M 42**
ENTFERNUNG:	**1500 Lichtjahre**
REKTASZENSION:	**$05^h\ 35^m\ 17^s$**
DEKLINATION:	**$-05°\ 23'\ 28''$**
AUFNAHME:	**SPITZER-Weltraumteleskop und HERSCHEL-Weltraumteleskop**

KALTE CARINA

Dunkle Staubcanyons innerhalb der ausgedehnten Sternentstehungsregion des Carina-Nebels werden durch Flammenwerfer entzündet – zumindest entsteht der Eindruck beim Betrachten dieses Kompositbildes, das Beobachtungen mit dem Zwölf-Meter-APEX-Radioteleskop der Europäischen Südsternwarte einem Foto der gleichen Region vom Cerro Tololo Inter-American Observatory überlagert. Die orange Farbe zeigt Submillimeter-Radiowellen an, die kürzeste Form der Radiostrahlung, die von interstellaren Staubkörnern mit einer Temperatur von −250 Grad Celsius stammt. Die pinkfarbenen Wolken werden durch die energiereiche Strahlung neuer, massereicher Sterne zum Leuchten angeregt. In der Kombination zeigen diese beiden Farben also die Verteilung des Rohstoffs für die Entstehung neuer Sterne an.

Der Nebel enthält rund 165.000 Sonnenmassen, davon nur etwa ein Sechstel in Form von Sternen. Das Zentrum des Nebels mit dem todgeweihten Stern Eta Carinae liegt in der Mitte des Bildes, das eine rund 150 Lichtjahre breite Region zeigt.

OBJEKT:	**Carina-Nebel, NGC 3372**
ENTFERNUNG:	**7500 Lichtjahre**
REKTASZENSION:	**$10^h\ 45^m\ 09^s$**
DEKLINATION:	**$-59°\ 52'\ 04''$**
AUFNAHME:	**Cerro Tololo Inter-American Observatory, Curtis Schmidt Telescope, und Europäische Südsternwarte (ESO), Atacama Pathfinder Experiment (APEX)**

➤ RECHTS

PLANETEN UM FOMALHAUT

Dieses ungewöhnliche Kompositbild aus sichtbarem Licht und Radiodaten zeigt ein Sonnensystem in der Entstehungsphase. Der grelle Lichtpunkt in der Mitte ist Fomalhaut, ein Stern in rund 25 Lichtjahren Entfernung, der etwa 2,1 Sonnenmassen in sich vereint und 18-mal so hell leuchtet wie die Sonne. Der hohe Infrarotanteil dieser Strahlung wurde schon früh als Hinweis auf eine riesige Staubscheibe in seiner Umgebung verstanden, die 2004 erstmals mit dem HUBBLE-Weltraumteleskop fotografiert werden konnte. Der Staub ist offenbar größtenteils in einem schmalen Ring konzentriert und wird dort möglicherweise durch die Anziehungskraft benachbarter Planeten festgehalten.

Der blaue Teil des Bildes gibt die Ansicht mit dem HUBBLE-Weltraumteleskop wieder, die Daten des ALMA-Radioteleskops der ESO sind orange dargestellt. Die scharfen Begrenzungen des Rings auch im Radiobereich stützen die Annahme, dass mindestens je ein Planet inner- und außerhalb des Rings um Fomalhaut kreisen.

OBJEKT:	**Fomalhaut**
ENTFERNUNG:	**25 Lichtjahre**
REKTASZENSION:	**$22^h\ 57^m\ 39^s$**
DEKLINATION:	**$-29°\ 37'\ 20''$**
AUFNAHME:	**HUBBLE-Weltraumteleskop, Advanced Camera for Surveys, und Europäische Südsternwarte (ESO), Atacama Large Millimeter Array (ALMA)**

➤➤ NÄCHSTE DOPPELSEITE

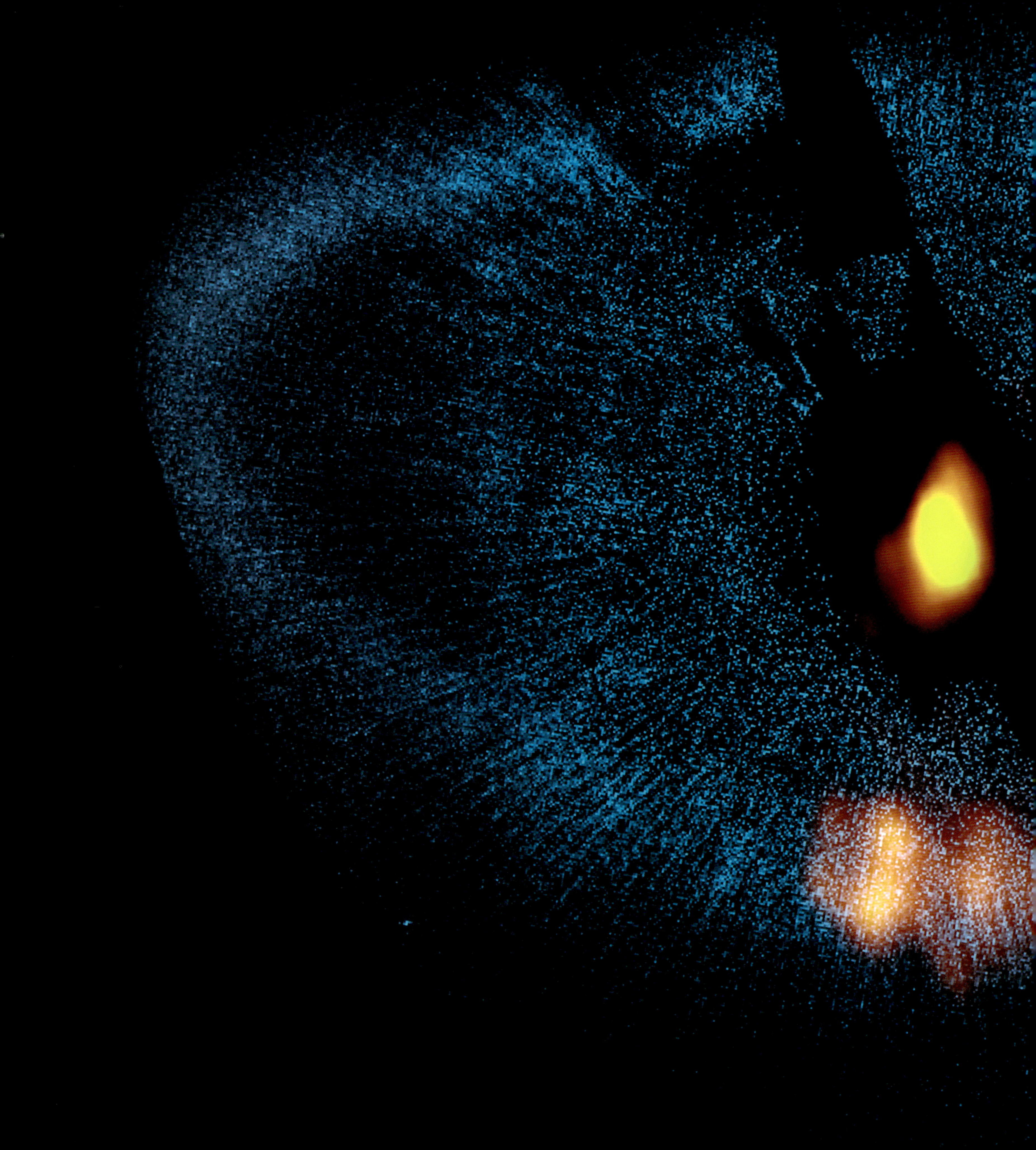

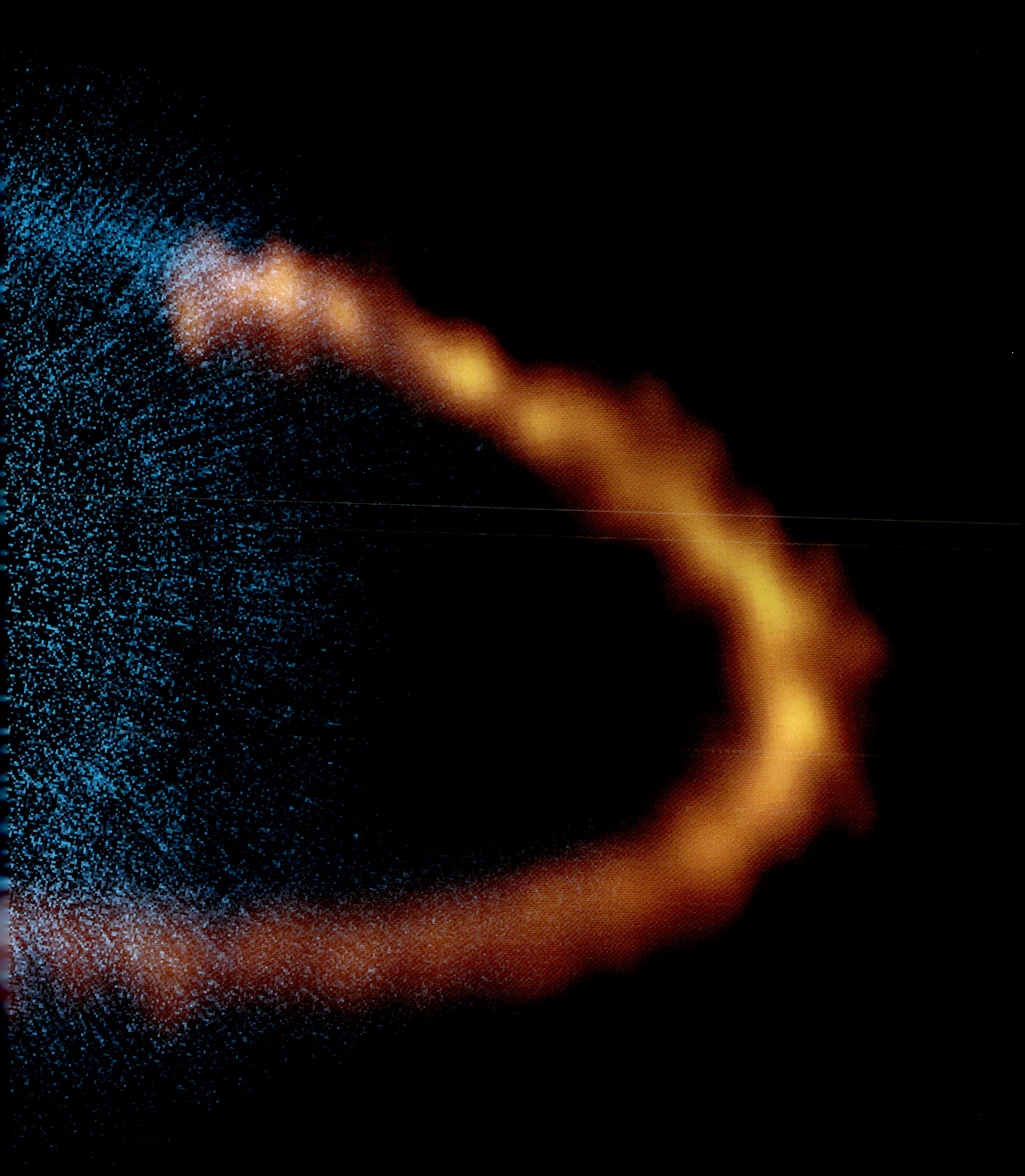

VENUS VOR DER SONNE

Zum letzten Mal für mehr als einhundert Jahre zog unser innerer Nachbarplanet Venus in der Nacht zum 6. Juni 2012 von der Erde aus gesehen vor der Sonne her. Dieses Foto des HINODE-Satelliten, einer Gemeinschaftsproduktion von NASA und JAXA, der japanischen Weltraumagentur, verdeutlicht die Größenverhältnisse im Sonnensystem in äußerst plakativer Art. Es wurde mit Hilfe eines sogenannten H-Alpha-Filters aufgenommen, das den größten Teil des auftreffenden Sonnenlichts blockiert und dadurch wesentliche Details sichtbar werden lässt.

Die Venus, mit einem Durchmesser von 12.104 Kilometern nur rund fünf Prozent kleiner als die Erde, war zum Zeitpunkt der Aufnahme etwa 43 Millionen Kilometer entfernt – gegenüber der mehr als dreimal so weit entfernten Sonne erscheint sie trotzdem winzig. Das H-Alpha-Filter lässt die flockige Struktur der Sonnenoberfläche erkennen und zeigt zugleich am Rand jene Strukturen, die flammengleich aus der hellen Sonnenoberfläche aufragen – Spiculae und Protuberanzen. Die Nachtseite der Venus ragt bereits etwas über den Sonnenrand hinaus, wobei ihre Silhouette durch einen hellen Saum vervollständigt wird, der durch die Lichtbrechung in der dichten Venusatmosphäre hervorgerufen wird. In der Vergangenheit hatten die Astronomen vergeblich gehofft, aus der Beobachtung solcher Venustransits den genauen Abstand zur Sonne bestimmen zu können. Dieser Wert konnte inzwischen anderweitig ermittelt werden, sodass die beiden letzten Transits 2004 und 2012 vor allem Highlights für zahllose Amateurastronomen wurden.

OBJEKT:	**Venus**
MIN. ENTFERNUNG:	**38,2 Millionen Kilometer**
DURCHMESSER:	**12.104 Kilometer**
AUFNAHME:	**Raumsonde HINODE, Solar Optical Telescope**

SONNENFLARES

Von Bögen heißen Gases ausgehend, die aus der Sonnenoberfläche hervorbrechen, können hochenergetische Teilchen durch das ganze Sonnensystem geschleudert werden. Sonnenflares gehören zu den heftigsten Eruptionen im Sonnensystem – gewaltige Energieausbrüche, die ausgelöst werden, wenn solche magnetischen Bögen wie diese hier sich gegenseitig kurzschließen und näher an der Sonnenoberfläche wieder verbinden. Die Energien, die dabei freigesetzt werden, können eingeschlossene Gasmassen auf Temperaturen von mehreren Millionen Grad Celsius aufheizen und die Atome damit so stark beschleunigen, dass sie das Schwerefeld der Sonne verlassen können. Wenn solche hochenergetischen Partikel eines Sonnenflares (oder eines noch heftigeren koronalen Materieauswurfs) mit hoher Geschwindigkeit durch das Sonnensystem nach außen rasen, reagieren sie mit den Magnetfeldern und Atmosphären eines jeden Planeten, den sie passieren, und sorgen dort unter anderem für spektakuläre Polarlichter.

Die Kameras des Solar Dynamics Observatory (SDO) erfassen die Sonne im Bereich der extrem kurzwelligen Ultraviolettstrahlung, die nur in den heißesten Regionen und bei den heftigsten Eruptionen erzeugt wird. Bei diesen Energien erscheint die vergleichsweise kühle Sonnenoberfläche, die Photosphäre, dunkel, und so „sieht" SDO nur die viel heißeren, aber wesentlich dünneren Gase der äußeren Atmosphäre oder Korona. Die magnetischen Bögen treten dabei besonders detailreich hervor, weil sie die elektrisch geladenen Teilchen auf Spiralbahnen entlang der Magnetfeldlinien und damit zur Aussendung entsprechender Strahlung zwingen.

OBJEKT:	**Sonne**
MITTL. ENTFERNUNG:	**149,6 Millionen Kilometer**
DURCHMESSER:	**1,392 Millionen Kilometer**
AUFNAHME:	**Solar Dynamics Observatory (SDO), Atmospheric Imaging Assembly**

KRABBENNEBEL

Ein Netz aus strahlenden Explosionstrümmern markiert die Stelle des Himmels zwischen den Hörnern des Sternbilds Stier, an der Sternbeobachter von China bis Nordamerika im Sommer 1054 einen neuen, hellen Stern bemerkten, der sogar am Taghimmel zu erkennen war. Der neue Stern verblasste erst nach etlichen Monaten, geriet aber in Vergessenheit und war in Europa offenbar gar nicht groß bemerkt worden. Erst 1731 fand der englische Astronom John Bevis bei seinen Beobachtungen für einen Sternkatalog an dieser Stelle einen blassen Nebel. 1758 nahm sein französischer Kollege Charles Messier diesen Nebel als erstes Objekt (M 1) in seine neue Liste nichtstellarer Objekte auf. Den Beinamen Krabbennebel erhielt der Nebel erst, nachdem der irische Astronom Lord Rosse seine Umrisse 1844 in einer Zeichnung dokumentiert hatte.

Heute wissen die Astronomen, dass der Krabbennebel der Überrest jenes scheinbar neuen Sterns aus dem Jahr 1054 ist, der damals als Supernova aufblitzte. Eine solche Sternexplosion markiert das jähe Ende eines massereichen Sterns und führt zur Bildung eines rasch rotierenden, extrem dichten Neutronensterns, der sich als Pulsar bemerkbar machen kann. Der Krabbennebel-Pulsar dreht sich rund 30-mal in der Sekunde und schleudert dabei über seine Pole sehr schnelle Teilchenjets ab, die große Mengen an Strahlung produzieren und den Nebel von innen heraus zum Leuchten bringen.

Dieses HUBBLE-Bild wurde aus 24 Einzelaufnahmen zusammengesetzt und farbkodiert, sodass grüne Bereiche die Verteilung von Schwefel wiedergeben, während blaue und rote Zonen verschiedene Anregungszustände von Sauerstoff anzeigen.

OBJEKT:	**Krabbennebel, M 1**
ENTFERNUNG:	**6500 Lichtjahre**
REKTASZENSION:	**$05^h\ 34^m\ 32^s$**
DEKLINATION:	**+22° 00′ 52″**
AUFNAHME:	**HUBBLE-Weltraumteleskop, Wide Field Planetary Camera 2**

VERBOGENE SCHÖNHEIT

Dichte, von pinkfarbenen Sternentstehungsregionen durchsetzte Staubwolken und der bläuliche Schein neu entstandener Sternhaufen betonen die verbogene Spiralstruktur der Galaxie Messier 66. Spiralgalaxien verdanken ihren Namen den spiralförmig angeordneten Ketten von Sternentstehungsgebieten und jungen Sternhaufen, die den Rest der galaktischen Scheibenstruktur überstrahlen. Diese Spiralarme rotieren langsam – über mehrere Hundertmillionen Jahre – um das jeweilige Zentrum der Galaxie, dauerhafte Formationen sind sie aber nicht. Stattdessen bilden sie sich ständig neu, weil immer wieder frisches „Rohmaterial" zur Entstehung neuer Sterne auf seinem Weg um das Zentrum der Galaxie in den Einflussbereich der spiralförmigen Verdichtungszone gerät und dabei zur Bildung neuer Sterne angeregt wird.

Messier 66 zeigt jedoch einige Besonderheiten. So sind die Spiralarme asymmetrisch und ragen aus der Hauptebene der Galaxie heraus. Einer der Arme ist sogar so verbogen, dass er – losgelöst vom Rest der Galaxie – diese auf einer eigenständigen Bahn umrundet. Und die helle Kernregion, die ungezählte Sterne enthält, liegt deutlich außerhalb des Zentrums. Die Astronomen gehen davon aus, dass diese Störungen durch noch nicht lange zurückliegende, vergleichsweise enge Begegnungen mit einer anderen Galaxie ausgelöst wurden. M 66 ist die hellste Galaxie im sogenannten Leo-Triplett, einer kompakten Galaxiengruppe im Sternbild Löwe, zu der noch M 65 und NGC 3628 gehören. Die Bahnen von M 66 und NGC 3628 verlaufen so, wie man es nach einer engen Begegnung vor etwa einer Milliarde Jahren erwarten würde.

OBJEKT:	**M 66, NGC 3627**
ENTFERNUNG:	**36 Millionen Lichtjahre**
REKTASZENSION:	**$11^h\ 20^m\ 15^s$**
DEKLINATION:	**+12° 59′ 30″**
AUFNAHME:	**HUBBLE-Weltraumteleskop, Advanced Camera for Surveys**

WEIHNACHTSBAUM

Junge Sterne heben sich in der Form eines kopfstehenden Weihnachtsbaums vor dem pinkfarbenen Hintergrund dieser Echtfarben-Aufnahme ab, die am La-Silla-Observatorium der Europäischen Südsternwarte entstanden ist. Der Weihnachtsbaum-Sternhaufen, der zusammen mit den umliegenden Nebeln als NGC 2264 katalogisiert wurde, liegt rund 2500 Lichtjahre von der Erde entfernt im Sternbild Einhorn und erstreckt sich über einen Raumbereich von etwa 30 Lichtjahren Durchmesser.

Der Sternhaufen, der 1784 erstmals vom deutsch-britischen Astronomen Wilhelm Herschel beschrieben wurde, entstand erst vor ein paar Millionen Jahren, sodass auch die hellsten und massereichsten Mitglieder (die wesentlich schneller altern und vergehen als durchschnittliche Sterne wie unsere Sonne) noch existieren. Der hellste von ihnen am oberen Rand des Bildes ist sogar ein Mehrfachsystem aus massereichen Sternen.

Nebel und Sterne werden von den Astronomen in mehrere Bereiche unterteilt und mit treffenden Einzelnamen belegt, wie zum Beispiel Fuchspelznebel und Schneeflockenhaufen. Die Wasserstoffwolken werden durch die Ultraviolettstrahlung der Haufenmitglieder zu ihrem charakteristischen Fluoreszenzleuchten angeregt. Der Konusnebel, der als Dunkelnebel am unteren Bildrand aufragt, ist eine Region anhaltender Sternentstehung. Auf Infrarotbildern zeichnen sich in seinem Innern Sternbabys ab, die schon Wärmestrahlung aussenden. Irgendwann werden sie ihren umhüllenden Kokon abgestoßen haben und als neuer, hell leuchtender Sternhaufen erstrahlen.

OBJEKT:	**Weihnachtsbaum-Sternhaufen, NGC 2264**
ENTFERNUNG:	**2500 Lichtjahre**
REKTASZENSION:	**$06^h\ 40^m\ 53^s$**
DEKLINATION:	**$+09°\ 36'\ 17''$**
AUFNAHME:	**Europäische Südsternwarte (ESO), MPG/ESO-2,2-m-Teleskop**

BLASSER STERNENWIRBEL

Der Lichtstrudel der Galaxie NGC 4921 hebt sich markant gegen den mit zahlreichen weiter entfernten Galaxien erfüllten dunklen Hintergrund ab. Allerdings ist NGC 4921 inmitten des rund 320 Millionen Lichtjahre entfernten Coma-Galaxienhaufens ein ziemlich ungewöhnliches System. Diese langbelichtete Aufnahme wurde aus 80 Einzelbildern im sichtbaren und infraroten Bereich mit einer Gesamtbelichtungszeit von 27 Stunden zusammengestellt und zeigt Details, die normalerweise unbemerkt bleiben. In gewöhnlichen Spiralsystemen wird das Licht der galaktischen Scheibe durch die hell leuchtenden Offenen Sternhaufen und Sternentstehungsregionen stark überstrahlt, sodass die Spiralstruktur deutlich hervortritt (siehe zum Beispiel die Strudelgalaxie, Seite 98).

NGC 4921 ist dagegen eine „blutleere" Spiralgalaxie, deren extrem blasse Arme nur an manchen Stellen durch dunkle Staubwolken und helle, blaue Sternhaufen angedeutet werden. Die lange Belichtungszeit lässt mehr Einzelheiten im Dunst der Scheibe selbst erkennen, in denen die nur langsam alternden, sonnenähnlichen Sterne ihre Bahnen ziehen.

Allgemein geht man davon aus, dass die Entstehung einer Spiralstruktur durch Wechselwirkungen mit anderen Galaxien verstärkt wird. Entsprechend könnte man erwarten, dass eine derart schwach ausgeprägte Struktur bestenfalls in einer einsam treibenden Einzelgalaxie anzutreffen ist. NGC 4921 steht dagegen im Zentrum des Coma-Galaxienhaufens, der rund tausend Galaxien umfasst und in dem gegenseitige Begegnungen und Rempeleien an der Tagesordnung sind.

OBJEKT:	**NGC 4921**
ENTFERNUNG:	**320 Millionen Lichtjahre**
REKTASZENSION:	**$12^h\ 59^m\ 02^s$**
DEKLINATION:	**+28° 09′ 17″**
AUFNAHME:	**HUBBLE-Weltraumteleskop, Advanced Camera for Surveys**

BERGRIESEN

Ein Haufen hell leuchtender Sterne schwebt über einer bizarren, glühenden Landschaft. Der Sternhaufen, als Pismis 24 katalogisiert, liegt mehr als 8000 Lichtjahre entfernt im Sternbild Skorpion und dürfte vor nicht allzu langer Zeit aus dem benachbarten Nebel NGC 6357 entstanden sein. Die als Sternwinde bezeichneten Teilchenströmungen dieser Sterne prallen auf den Rand des Nebels und höhlen seine Oberfläche zusammen mit ihrer intensiven Ultraviolettstrahlung langsam aus, wodurch dichtere Bereiche wie Zeugenberge zurückbleiben.

Der hellste Stern des Haufens mit der Bezeichnung Pismis 24-1 galt bis vor kurzem als Kandidat für den massereichsten Einzelstern der Milchstraße – mit geschätzten 300 Sonnenmassen. Allerdings zweifelten die Astronomen daran, ob sich ein solcher Monsterstern überhaupt entwickeln und zu einem stabilen Objekt werden könnte, und so nutzten sie den Scharfblick des HUBBLE-Weltraumteleskops für eine genauere Analyse. Dabei zeigte sich, dass der vermeintliche Riese in Wirklichkeit mindestens ein Doppel-, vielleicht auch ein Dreifachsystem ist, was die Masse jedes einzelnen Sterns auf besser „beherrschbare" rund 100 Sonnenmassen drückt.

OBJEKT:	**Pismis 24, NGC 6357**
ENTFERNUNG:	**8000 Lichtjahre**
REKTASZENSION:	**$17^h\,24^m\,43^s$**
DEKLINATION:	**$-34°\,11'\,57''$**
AUFNAHME:	**HUBBLE-Weltraumteleskop, Advanced Camera for Surveys**

➤ RECHTS

MONSTERSTERN

Die intensive Strahlung des gleißend hellen Sterns WR 22 erzeugt ein Muster aus Licht und Schatten am Rande des rund 7500 Lichtjahre entfernten Carina-Nebels. WR 22, unterhalb der Bildmitte, ist einer der seltenen Wolf-Rayet-Sterne – ein Monsterstern, der so intensiv strahlt, dass auch sein Sternwind mit ungeheurer Intensität „bläst". Während die meisten Sterne über die längste Zeit ihres Lebens nur einen geringen Bruchteil ihrer Materie an die Umgebung verlieren, erleiden Wolf-Rayet-Sterne während ihrer gesamten, vergleichsweise kurzen Existenz einen beträchtlichen Materieverlust, was nicht ohne Auswirkungen auf ihre Entwicklung bleibt. Nach dem Abströmen der kühleren Außenschichten wird das heiße Sterninnere freigelegt, was die Strahlungsintensität und die Massenverlustrate noch weiter erhöht.

Ein Stern wie WR 22, dessen Masse auf rund 77 Sonnenmassen geschätzt wird, dürfte schon einige Sonnenmassen verloren haben. Seine Strahlung regt den umgebenden Wasserstoffnebel zum typisch pinkfarbenen Resonanzleuchten an, vor dem interstellare Staubwolken als dunkle Schatten erscheinen.

OBJEKT:	**Carina-Nebel, NGC 3372**
ENTFERNUNG:	**7500 Lichtjahre**
REKTASZENSION:	**$10^h\,41^m\,28^s$**
DEKLINATION:	**$-59°\,40'\,17''$**
AUFNAHME:	**Europäische Südsternwarte (ESO), MPG/ESO-2,2-m-Teleskop**

➤➤ NÄCHSTE DOPPELSEITE

Aktive Galaxie
Galaxie, deren Löwenanteil an Energieabstrahlung aus der Zentralregion stammt, wo Materie in ein extrem massereiches Schwarzes Loch stürzt.

Asteroid
Mehr oder minder großer Gesteinsbrocken, der die Sonne wie ein Planet umrundet. Die meisten Asteroiden sind auf den Bereich zwischen Mars- und Jupiterbahn konzentriert.

Astronomische Einheit
Gebräuchliche Entfernungseinheit innerhalb des Sonnensystems. Eine Astronomische Einheit (AE) entspricht der mittleren Entfernung Sonne – Erde – rund 149,6 Millionen Kilometer.

Atmosphäre
Gashülle eines Planeten oder Sterns, die durch dessen Schwerkraft festgehalten wird.

Atom
Baustein der Materie, der seinerseits aus einem positiv geladenen Kern und den ihn umgebenden, negativ geladenen Elektronen besteht und daher nach außen elektrisch neutral erscheint. Die Zahl der im Kern enthaltenen Protonen bestimmt das chemische Element. Atome können sich zu Molekülen verbinden oder durch den Verlust beziehungsweise die Vereinnahmung von Elektronen zu Ionen werden.

Balkenspirale
Spiralgalaxie, deren Arme an den Enden einer quer durch das galaktische Zentrum verlaufenden Materiekonzentration (dem „Balken") ansetzen.

Brauner Zwerg
„Verhinderter" Stern, dessen Masse nicht ausgereicht hat, um im Innern die Zündung der charakteristischen Wasserstoffkernverschmelzung zu ermöglichen. Trotzdem strahlt auch ein Brauner Zwerg Energie ab, die er aus der Kontraktion unter seiner eigenen Schwerkraft und einer eingeschränkten Form der Kernfusion gewinnt.

Deklination
Himmelskoordinate, die analog zur geografischen Breite den Abstand eines Himmelsobjekts zum Himmelsäquator angibt.

Doppelstern
Sternpaar, dessen beide Partner sich gegenseitig umlaufen. Weil Doppelsterne in der Regel gleichzeitig aus einer gemeinsamen Ursprungswolke entstanden sind, erlauben sie einen direkten Vergleich der Entwicklung unterschiedlicher Sterne.

Dunkelnebel
Interstellare Gas- und Staubwolke, die das Licht eingelagerter und dahinterliegender Sterne verschluckt und so vor leuchtenden Gasnebeln oder sternreichen Gebieten als dunkle Silhouette sichtbar wird.

Eisvulkanismus
Auf der Erde unbekannte Form geologischer Aktivität (auch Kryovulkanismus genannt), die auf einigen Eismonden im äußeren Sonnensystem anzutreffen ist. Dabei dringt „weiches" Eis aus Rissen und Spalten an die Oberfläche des Mondes und erstarrt dort.

Elektromagnetische Strahlung
Energieform, die aus einander überlagernden elektrischen und magnetischen Wellen besteht und sich im Vakuum mit Lichtgeschwindigkeit ausbreitet. Die Energie oder Temperatur eines strahlenden Objekts bestimmt die Wellenlänge und andere Eigenschaften der Strahlung.

Elektron
Einer der elementaren Bausteine der Materie, ausgestattet mit einer negativen elektrischen Ladung und sehr geringer Masse. In der Regel sind Elektronen im Umfeld eines Atomkerns anzutreffen.

Elliptische Galaxie
Galaxie, deren Sterne auf ungeordnet erscheinenden Bahnen um das galaktische Zentrum wandern. Elliptische Galaxien, die zumeist kein interstellares Gas für die Entstehung neuer Sterne mehr enthalten, bilden die kleinsten und größten Galaxien im Kosmos.

Emissionsnebel
Kosmische Gaswolke, deren Leuchten auf eng begrenzte Wellenlängen – sogenannte Emissionslinien – konzentriert ist. In der Regel stammt die Energie für das Leuchten aus der hochenergetischen Strahlung naher heißer Sterne, deren Auftreten an Sternentstehungsgebiete gekoppelt ist.

Flare
Gewaltige Explosion über der Sonnenoberfläche, bei der durch einen magnetischen Kurzschluss große Mengen an Energie und Teilchen weggeschleudert werden.

Finsternis
Siehe Mondfinsternis, Sonnenfinsternis

Galaktisches Schwarzes Loch
Extrem massereiches Schwarzes Loch (mehrere Millionen bis Milliarden Sonnenmassen) im Zentrum einer Galaxie. Ihre Entstehung ist noch unklar, dürfte aber eher mit

dem Kollaps großer Gaswolken zusammenhängen als mit dem Ende sehr massereicher Sterne.

Galaxie
Eigenständiges System aus Sternen, Gas und anderem Material mit Dimensionen, die sich über Tausende von Lichtjahren erstrecken.

Gammastrahlen
Energiereichste, extrem kurzwellige Form der elektromagnetischen Strahlung, die von den heißesten Regionen und heftigsten Prozessen im Kosmos stammt.

Gesteinsplanet
Vergleichsweise kleiner Planet, der größtenteils aus felsigem Material besteht und eine dünne Hülle aus Flüssigkeit und Gas besitzen kann.

Hauptreihe
Bereich im Zustandsdiagramm der Sterne, der die längste Lebensphase eines Sterns beschreibt. Ein Stern „auf der Hauptreihe" bezieht seine Energie aus der Umwandlung von Wasserstoff in Helium; während dieser Zeit gibt es klare Zusammenhänge zwischen Masse, Durchmesser, Leuchtkraft und Temperatur des Sterns.

Infrarotstrahlung
Elektromagnetische Strahlung, die etwas weniger Energie transportiert als sichtbares Licht. Infrarotstrahlung stammt in der Regel von kühlen Objekten im Weltall, deren Temperatur für ein Leuchten im sichtbaren Licht nicht ausreicht.

Ionisierung
Prozess, der ein neutrales Atom in ein elektrisch geladenes Ion überführt. Dies geschieht in der Regel durch Energiezufuhr (bei Zusammenstößen oder auch durch kurzwellige Strahlung), wodurch ein oder mehrere Elektronen freigesetzt werden.

Irreguläre Galaxie
Galaxie ohne erkennbare innere Struktur, die dafür meist reich an Gas und Staub sowie an Sternentstehungsregionen ist.

Kernfusion
Verschmelzung von leichteren Atomkernen, die zur Bildung schwererer Elemente führt. Sie vollzieht sich nur unter sehr hohen Temperatur- und Druckverhältnissen und liefert die Energie für das Leuchten der Sterne.

Komet
Eis- und Gesteinsklumpen aus den Außenbezirken des Sonnensystems, dessen Eiskruste bei Annäherung an die Sonne verdampft und den typischen Kometenschweif entstehen lässt.

Kugelsternhaufen
Dichte, kugelförmige Ansammlung alter, langlebiger Sterne im Umkreis einer Galaxie.

Kuiper-Gürtel
Kranzförmiger Raumbereich jenseits der Neptunbahn, der zahlreiche Eiskörper enthält. Die größten derzeit bekannten Mitglieder des Kuiper-Gürtels sind Pluto und Eris.

Leuchtkraft
Maß für die Energieabgabe eines Sterns. Wird normalerweise in Watt angegeben, doch sind die Sterne so energiereich, dass ihre Leuchtkraft meist in Relation zur Sonnenleuchtkraft gesetzt wird. Die visuelle Leuchtkraft, also die Energiemenge, die ein Stern im sichtbaren Licht produziert, entspricht nicht unbedingt der Gesamtleuchtkraft (der sogenannten bolometrischen Leuchtkraft).

Lichtjahr
Astronomische Entfernungseinheit, die jener Strecke entspricht, welche das Licht innerhalb eines Jahres zurücklegt. Ein Lichtjahr (Lj) umfasst etwa 9,46 Billionen Kilometer.

Mehrfachstern
System aus zwei oder mehr Sternen, die sich gegenseitig umrunden (ein Sternpaar wird auch Doppelstern genannt). Die meisten Sterne der Galaxis gehören einem Mehrfachsystem an – Einzelgänger wie die Sonne sind in der Minderzahl.

Mondfinsternis
Ereignis, bei dem der Vollmond durch den Schatten der Erde wandert und entsprechend von der Zufuhr direkten Sonnenlichts abgeschnitten wird.

Nebel
Interstellare Gas- und Staubwolken, die den Rohstoff für die Entstehung neuer Sterne enthalten oder am Ende eines Sternlebens ausgestoßen werden. Ursprünglich wurde der Begriff auch für verschwommen erscheinende Sternhaufen und ferne Galaxien benutzt.

Neutronenstern
Kollabierter Kern eines massereichen Sterns, der bei einer Supernova zurückbleibt. Er besteht aus extrem dicht gepackten Teilchen (Neutronen). Viele Neutronensterne zeigen in der Anfangsphase das Erscheinungsbild eines Pulsars.

Nova
Doppelsternsystem, in dem Materie von einem Stern auf einen benachbarten Weißen Zwerg hinüberströmt und sich an dessen Oberfläche

ansammelt, bis Druck und Temperatur eine heftige Explosion auslösen.

Offener Sternhaufen
Große Gruppe heller, junger Sterne, die erst „vor kurzem" gemeinsam aus einer Sternentstehungsregion hervorgegangen sind und teilweise noch von Resten dieser Gaswolke umgeben sind.

Oortsche Wolke
Kugelschalenförmige Wolke aus „schlafenden" Kometenkernen, die das ganze Sonnensystem bis in eine Entfernung von etwa einem Lichtjahr umgibt.

Planet
Himmelskörper auf einer Bahn um die Sonne, groß genug, um unter seiner eigenen Schwerkraft eine Kugelgestalt anzunehmen, und durch sein Gravitationsfeld ähnlich große Körper aus seiner Bahn zu verdrängen. Nach dieser Definition gibt es acht Planeten im Sonnensystem: Merkur, Venus, Erde, Mars, Jupiter, Saturn, Uranus und Neptun.

Planetarischer Nebel
Expandierende Gashülle eines Roten Riesensterns, die dieser am Ende abstößt und durch die energiereiche Strahlung des freigelegten Kerns zum Leuchten anregt.

Protostern
Noch entstehender Stern, dessen Masse und Dichte durch die Kontraktion nachstürzender Materie weiter zunehmen. Seine Temperatur reicht bereits aus, um Infrarotstrahlung zu produzieren.

Pulsar
Rasch rotierender Neutronenstern mit einem starken Magnetfeld, das Elektronen in seiner Umgebung auf hohe Geschwindigkeiten beschleunigt und so zur Aussendung zweier gebündelter Strahlungskegel zwingt.

Radar
Verfahren, das gleichermaßen zur Verfolgung von Flugzeugen als auch zur Kartierung planetarer Oberflächen genutzt werden kann. Dazu wird das Ziel mit einem gebündelten Strahl von Radiowellen „beleuchtet" und die Laufzeit bis zum Eintreffen des Radarechos zur Entfernungsmessung genutzt.

Radiowellen
Energieärmste Variante elektromagnetischer Strahlung. Radiowellen stammen von kalten Gaswolken, aber auch von sehr energiereichen Objekten wie aktiven Galaxienkernen und Pulsaren.

Reflexionsnebel
Interstellare Gas- und Staubwolke, die das Licht benachbarter Sterne reflektiert oder streut.

Rektaszension
Himmelskoordinate, die analog zur geografischen Länge den Abstand eines Himmelsobjekts von einem Fixpunkt (dem Frühlingspunkt) auf dem Himmelsäquator angibt.

Riesenplanet
Großer Planet, der eine dicke und dichte Hülle aus Gas, Flüssigkeit oder Eis und möglicherweise einen kleinen Gesteinskern besitzt.

Röntgenstrahlung
Energiereiche Form der elektromagnetischen Strahlung, die von sehr heißen Objekten oder hochenergetischen Prozessen stammt. Materieansammlungen, die beim Sturz auf ein Schwarzes Loch aufgeheizt werden, gehören zu den stärksten Röntgenstrahlern im Kosmos.

Roter Riese
Stern, der seinen Wasserstoffvorrat im Innern aufgezehrt hat und nun schwerere Elemente produzieren muss. Durch Verdichtung des Kerns wird die dafür erforderliche, höhere Zentraltemperatur erreicht, der Stern bläht sich auf und kühlt an der Oberfläche ab, sodass er rötlicher als die Sonne erscheint.

Roter Zwergstern
Stern mit deutlich weniger als einer Sonnenmasse, der deshalb kleiner, dunkler und kühler als die Sonne ist. Im Innern eines Roten Zwergs läuft die Wasserstofffusion so langsam ab, dass er wesentlich älter als die Sonne werden kann.

Schwarzes Loch
Extreme Verformung der Raumzeit, die normalerweise beim Kollaps eines massereichen Sterns (mehr als etwa achtfache Sonnenmasse) entsteht. Die Raumkrümmung ist so stark, dass nicht einmal Licht den Anziehungsbereich eines Schwarzen Lochs verlassen kann.

Sichtbares Licht
Elektromagnetische Strahlung mit Wellenlängen zwischen 400 und 700 Nanometer (= ein Milliardstel Meter), für die das menschliche Auge empfindlich ist. Sonnenähnliche Sterne leuchten vornehmlich im Bereich des sichtbaren Lichts.

Sonne
Stern im Zentrum des Planetensystems, dem die Erde angehört. Die Sonne ist ein ziemlich durchschnittlicher Stern mit einem Durchmesser von 1,39 Millionen Kilometern

und einer Masse von etwa zwei Quadrilliarden Tonnen, der 380 Quadrillionen Watt liefert und eine Oberflächentemperatur von 5500 Grad Celsius besitzt.

Sonnenfinsternis
Seltenes Ereignis, bei dem der Mond zwischen Sonne und Erde hindurchzieht und seinen Schatten auf die Erdoberfläche wirft. Totale Sonnenfinsternisse sind stets auf eine schmale, langgestreckte Totalitätszone beschränkt, in deren weiterer Umgebung die Finsternis partiell bleibt.

Spektrallinien
Dunkle oder helle Linien im Spektrum eines Sterns, die für jedes chemische Element oder Molekül auf bestimmte Wellenlängen beschränkt sind. Helle Emissionslinien stammen von heißen, leuchtenden Gasen, während dunkle Absorptionslinien auf kühlere, vorgelagerte Gasmassen verweisen, die das Licht entsprechender Wellenlängen teilweise verschlucken. Aus den gemessenen Wellenlängen der Spektrallinien lassen sich die beteiligten Atome und Moleküle bestimmen.

Spektrum
Durch ein Prisma oder Beugungsgitter aufgefächerter Lichtstrahl. Die spektrale Zerlegung des Lichts erlaubt über eine detaillierte Analyse der Energieverteilung der gemessenen Strahlung wichtige Rückschlüsse auf die physikalischen und chemischen Zustände der untersuchten Strahlungsquelle.

Spiralgalaxie
Große Sternansammlung, die aus einer flachen Scheibe von jungen Sternen, Gas und Staub besteht und einen Kernbereich älterer, rötlicher Sterne umschließt. In der galaktischen Scheibe zeigen Spiralarme die Gebiete momentaner Sternentstehung an.

Stern
Dichte Gaskugel, die aus dem Kollaps einer interstellaren Gas- und Staubwolke entstanden ist und dabei genügend Masse angesammelt hat, um im Innern die Fusionsreaktionen zu zünden, die sie zum Leuchten bringen.

Sternwind
Ständig von einem Stern ausgehende Strömung energiereicher Teilchen, die sich in den umgebenden Weltraum ausbreiten.

Supernova
Finale Explosion eines Sterns. Supernovae stehen am Ende der Entwicklung massereicher Sterne, wenn diese ihren atomaren Brennstoff aufgezehrt haben und der Kern zu einem Neutronenstern oder Schwarzen Loch kollabiert. Sie können auch das Ende eines Weißen Zwerges anzeigen, wenn dieser in einem Doppelsternsystem Materie von seinem Begleitstern aufsammelt und schließlich unter dieser Last zusammenbricht. Eine weitere Möglichkeit ergibt sich aus der Verschmelzung zweier einander umlaufender Weißer Zwerge.

Supernova-Überrest
Expandierende Trümmerwolke einer einstigen Supernova.

Transit
Vorübergang eines Himmelskörpers vor einem anderen.

Überriese
Sehr massereicher und äußerst leuchtstarker Stern zwischen 10- und 70-facher Sonnenmasse. Überriesen können abhängig vom Gleichgewicht zwischen Energieproduktion und Größe nahezu jede Farbe besitzen.

Ultraviolettstrahlung
Elektromagnetische Strahlung mit kürzerer Wellenlänge als das sichtbare Licht, die im Wesentlichen von heißeren Objekten als der Sonne stammt.

Veränderlicher Stern
Stern mit variabler Helligkeit. Ursache für den Helligkeitswechsel sind entweder Transits von Begleitsternen (Bedeckungsveränderliche) oder interne Prozesse, die zu einer Pulsation des Sterns führen.

Weißer Zwerg
Endstadium eines sonnenähnlichen Sterns, der zuvor seine äußere Hülle abgeblasen hat und nun als nackter Sternkern langsam auskühlt. Weiße Zwerge sind sehr dichte, extrem heiße Objekte, die nur wenig größer als die Erde sind und deshalb nur eine geringe Leuchtkraft besitzen.

Wolf-Rayet-Stern
Extrem massereicher Stern, der aufgrund seines heftigen Sternwinds seine äußere Hülle innerhalb weniger Millionen Jahre verliert und so die noch heißeren, tieferen Schichten freilegt.

Zwergplanet
Jedes Objekt auf einer Sonnenumlaufbahn, das zwar groß genug ist, um unter seiner eigenen Schwerkraft (annähernd) Kugelgestalt anzunehmen, aber nicht genügend Störkraft besitzt, um ähnliche Objekte aus seiner Umlaufbahn zu entfernen.

BD+602522 118
Beugungsgitter 94
Bevis, John 204
Bewohnbare Zone 68
Bipolarer Materieausfluss 156
Blasennebel (NGC 7635) 118, 142, 186
Bok-Globule 64
Brauner Zwerg 96, 216
Bumerangnebel (M 16) 144
Bunsen, Robert 94

Carina-Nebel (NGC 3372) 64, 72, 146, 196
  Infrarotansicht 100
  Jets in 156
  „Mystic Mountain" 192
  Sternentstehung 64
  WR 22 212
CASSINI (Raumsonde) 22, 34, 38, 56, 58, 80, 84, 106, 140, 146, 176, 178, 188
Cassini-Teilung 84, 188
Centaurus A (NGC 5128) 110, 138
Cerro Tololo Inter-American Observatory 186, 196
CHANDRA-Röntgenobservatorium 138
Chinesen, alte 14
Chromosphäre 154
Coma-Haufen 210
Cygnus X 142

Elliptische Galaxie 104, 110, 216
Emissionsnebel 100, 184, 186, 216
Enceladus (Saturnmond) 146, 178
Epsilon-Ring (Uranus) 152
Erde 68, 146
Eta Carinae 100, 196
Europa (Jupitermond) 160
Europäische Südsternwarte (ESO) 42, 104, 120, 138, 184, 208
  ALMA-Radioteleskop 196
  APEX-Radioteleskop 30, 138
  Visible and Infrared Survey Telescope for Astronomy (VISTA) 26, 120, 190
Explodierende Galaxie 44

Finsternis 154
  beim Mond 92, 217
  bei der Sonne 14, 154, 218
Fische (Sternbild) 66
Flammennebel (NGC 2024) 26, 30, 100
Fomalhaut 196
Fraunhofer, Joseph von 94

Galaktische Kollision 36, 66, 98, 138
Galaktische Verschmelzung 44, 110
Galaxie 217
  Antennen- 44
  in Kantenstellung 24
  Elliptische 104, 110, 216
  explodierende 44

HAWK-I-Kamera 100
HCG 92 (Stephans Quintett) 40
HD 64315 132
Helixnebel (NGC 7293) 116, 180
Herbig-Haro-Objekt 192
Herschel, John 72
Herschel, Wilhelm 118, 208
HERSCHEL-Weltraumteleskop 194
High-Resolution Stereo Camera 160
HINODE (Satellit) 200
Hinterdeck des Schiffs (Sternbild) 132
Höhlen von Lascaux 7
Hooker-Teleskop 9
HUBBLE-Weltraumteleskop (Bilder) 18, 20, 24, 32, 36, 40, 44, 54, 64, 72, 78, 96, 98, 110, 116, 120, 122, 126, 134, 146, 192, 196, 204, 206, 210, 212
Huggins, William 10
HUYGENS (Raumsonde) 22, 176
Hyperion (Saturnmond) 168

IC 434 100
Io (Jupitermond) 34

Jagdhunde (Sternbild) 98
Jungfrau (Sternbild) 24, 104
Jupiter 22, 34, 140
  Großer Roter Fleck 74, 140
  Kleiner Roter Fleck 140
  Rotation 140
  weiße Stürme 140

Kantenstellung 24
Kassiopeia (Sternbild) 118
Katzenaugennebel (NGC 6543) 134
Katzenpfotennebel (NGC 6334) 128, 190
Kirchoff, Gustav 94
Kitt Peak National Solar Observatory 94, 136
Klassische Spiralgalaxie 66
Kleine Magellansche Wolke (SMC) 18, 126
Kolumbus, Christoph 14
Koma 110
Kometare Knoten 116
Kometen 110, 216
  Tschurjumow-Gerasimenko 68
  Lulin 110
Konusnebel 208
Konzentrische Ringe 134
Korona 154
Koronaler Materieauswurf 202
Krabbennebel (M 1) 204
Supernova 204
Kryovulkanismus 56, 216
Kugelförmiger Sternhaufen 36, 72, 217

Lagunennebel (M 8) 122
Le Gentil, Guillaume 122
Leier (Sternbild) 20
Leo-Triplett 206
Leviathan von Parsonstown 9
Loys de Chéseaux, Jean-Philippe 54, 136
Lulin (Komet) 110

MAGELLAN (Raumsonde) 62
Magellansche Wolken 42
  Große 78
  Kleine 18, 126
Mars 70, 124, 160, 170, 174
  Dünenstruktur 86, 174
  Staubteufel 70
  Frost 58, 174
  Eislager am Südpol 160, 166
  Labyrinth der Nacht 124
  Olympus Mons 170
  in Streifen 26
  Tharsis-Aufwölbung 124, 170
  Tharsis Tholus 170
  Valles Marineris (Talsystem) 124
  Vastitas Borealis 58
Mars Exploration Rover SPIRIT 70
MARS EXPRESS (Raumsonde) 160, 166
  MARSIS-Radarinstrument 166
MARS GLOBAL SURVEYOR (Raumsonde) 166
MARS ODYSSEY (Raumsonde) 174
  Thermal Emission Imaging System (THEMIS) 124, 174
MARS RECONNAISSANCE ORBITER (Raumsonde) 26, 58, 70
  High-Resolution Imaging Science Experiment 26
Merkur 16, 50
MESSENGER (Raumsonde) 16, 50
Messier 1 (Krabbennebel) 204
Messier 8 (Lagunennebel) 122
Messier 16 (Adlernebel) 108, 136
Messier 17 (Omeganebel) 54
Messier 42 (Orion-Nebel) 10, 96, 120, 194
Messier 43 96
Messier 51 (Strudelgalaxie) 98, 210
Messier 57 (Ringnebel) 20
Messier 65 206
Messier 66 206
Messier 70 36
Messier 74 66
Messier 78 30
Messier 81 44
Messier 82 (Zigarrengalaxie) 44
Messier 104 (Sombrerogalaxie) 104
Messier, Charles 9, 136, 204
Methan 22, 56
Milchstraße 18, 36, 42, 100, 128
  Zentrum 128
Miller, William Allen 10
Mimas (Saturnmond) 188
Mond 14, 90
  Humboldt-Becken 90
  Mondfinsternis 92
  Polregionen 90
Mondfinsternis 92, 217

N66 112
N90 18
Neptun 158
Newton, Isaac 94
NGC (New General Catalogue) 9
NGC 346 126
NGC 602 18
NGC 2024 (Flammennebel) 26, 30, 100
NGC 2074 78
NGC 2264 (Weihnachtsbaumhaufen) 208
NGC 2359 (Thors Helm) 186
NGC 2467 (Totenkopfnebel) 132
NGC 3314 32
NGC 3324 146
NGC 3372, siehe Carina-Nebel
NGC 3628 206
NGC 4038/9 (Antennengalaxien) 44
NGC 4921 210
NGC 5128 (Centaurus A) 110, 138
NGC 5195 98
NGC 5774 24
NGC 5775 24
NGC 6302 (Schmetterlingsnebel) 180
NGC 6334 (Katzenpfotennebel) 128, 190
NGC 6357 212
NGC 6543 (Katzenaugennebel) 134
NGC 6681 36
NGC 6960 (Zirrusnebel) 86
NGC 7293 (Helixnebel) 116, 180
NGC 7635 (Blasennebel) 118, 142, 186

OB-Assoziation 142
Offener Sternhaufen 72, 110, 126, 210, 218
Omeganebel (M 17) 54
Orion (Sternbild) 96
Orion-Gürtel 26, 100
Orion-Molekülwolkenkomplex 30, 120
Orion-Nebel (M 42) 10, 96, 120, 194
Orthostat 47 7

Parsons, William, siehe Rosse, Earl of
Perlschnurphänomen 154
Pferdekopfnebel 100
Photosphäre 154, 164, 172, 202
Pismis 24 212
Pismis 24-1 212
Planetarischer Nebel 20, 116, 134, 144, 180, 218
Polare stereografische Projektion 140
Protoplanetare Scheibe 144
Protostern 78, 218
Protuberanz 164, 172, 200
Pulsar 204, 218

R Coronae Australis 184
Rabe (Sternbild) 44
Radarkartierung 52
Reflexionsnebel 184, 218
Ringnebel (M 57) 20, 180
ROSETTA (Raumsonde) 68
Rosse, Earl of (William Parsons) 9, 204
Roter Riese 20, 218

Sagittarius A 128
Satellitenkartierung 74
Saturn 22, 56, 80, 84, 168, 188
  zur Tagundnachtgleiche 38
  Ringsystem 84, 106, 146, 152, 178, 188
  Supersturm 58
  weiße Flecken 58
Säulen der Schöpfung 64, 78, 100, 108, 136, 156
Schiffskiel (Sternbild) 146
Schlange (Sternbild) 136
Schmetterlingsnebel (NGC 6302) 180
Schütze (Sternbild) 36, 54, 122, 128
Schwan (Sternbild) 86
  Dunkelwolke 142
Schwarzes Loch 104, 216
  extrem massereiches 128, 138, 219
Schwedisches Sonnenteleskop (La Palma) 172
Sichtbares Licht 24, 26, 44, 78, 96, 100, 120, 128, 190, 194, 196, 219
Sigma Orionis 100
Skorpion (Sternbild) 128, 212
SOLAR DYNAMICS OBSERVATORY (SDO) 164, 202
Sombrerogalaxie (M 104) 104
Sonne 94, 154, 164, 172, 202, 219
  magnetisches Feld 164
  Sonnenflecken 172
Sonnenfinsternis 14, 154, 218
  Diamantringeffekt 154
Sonnenflare 202
Spektrallinie 94, 218
Spektroskopie 94
Spiculae 172, 200
Spiralgalaxie 13, 24, 32, 40, 98, 104, 110, 206, 210, 219
  klassische 66
Spitzen (im Adlernebel) 108, 136
SPITZER-Weltraumteleskop 142, 194
Starburst 24, 36, 44
Staubteufel 70
Stephan, Edouard 40
Stephans Quintett (HGC 92) 40
Sternentstehung 24, 44, 72, 108, 110, 122, 126, 142, 146, 156, 184, 206
Sternwind 26, 96, 118, 219
Strudelgalaxie (M 51) 98, 210
Submillimeter-Radiowellen 196
Supernova 24, 108, 126, 219

T-Tauri-Objekte 30
Tag- und Nachtgleiche beim Saturn 38
Tarantelnebel 78
Thors Helm (NGC 2359) 186
Titan (Saturnmond) 22, 56, 176
Totalität 14
Totenkopfnebel (NGC 2467) 132
Trapezhaufen 96, 120
Triton (Neptunmond) 158
Trumpler 14 100
Tschurjumow-Gerasimenko (Komet) 68
TY Coronae Australis 184
University of Alabama 32
Uranusringe 152

Venus 52, 62
  Sapas Mons (Vulkan) 62
  Durchgang vor der Sonne 200
Virgo-Haufen 104
VOYAGER-1 (Raumsonde) 74
VOYAGER-2 (Raumsonde) 152, 158
Vulkan 124
  Europa 160
  Mars 170

Weihnachtsbaumhaufen (NGC 2264) 208
Weiße Flecken 58, 140
Weißer Zwergstern 134, 219
Wolf-Rayet-Stern 186, 212, 219
WR 22 212

Zentaur (Sternbild) 138, 144
Zigarrengalaxie (M 82) 44
Zirrusnebel (NGC 6960) 86

2: NASA/JPL/Space Science Institute; 4: NASA, ESA, HEIC und das Hubble-Heritage-Team (STScI/AURA), R. Corradi (Isaac Newton Group of Telescopes, Spanien) und Z. Tsvetanov (NASA); 6–7: R. Richins, enchantedskies.net; 8–9: NASA/ESA und das Hubble-Heritage-Team (STScI/AURA); 10–11: ESO/T. Preibisch; 12 (von links nach rechts): NASA, ESA, und die Hubble-Heritage-Team(STScI/AURA)-ESA/Hubble-Gruppe; NASA/JPL/University of Arizona; NASA, ESA, die Hubble-Heritage-Team(STScI/AURA)-ESA/Hubble-Gruppe und W. Keel (University of Alabama); NASA, ESA, und das Hubble-SM4-ERO-Team; 15: BABAK TAFRESHI, TWAN/SCIENCE PHOTO LIBRARY; 17: NASA/Johns Hopkins University Applied Physics Laboratory/Carnegie Institution of Washington; 19: NASA/JPL-Caltech/USGS; 21: NASA, ESA und die Hubble Heritage Team (STScI/AURA)-ESA/Hubble Collaboration; 23: Hubble Heritage Team (AURA/STScI/NASA); 25: ESA/Hubble & NASA; 27: ESO/J. Emerson/Vista – Cambridge Astronomical Survey Unit; 28–29: NASA/JPL/University of Arizona; 31: ESO/APEX (MPIfR/ESO/OSO)/T. Stanke u. a./Igor Chekalin/Digitized Sky Survey 2; 33: NASA, ESA, die Hubble Heritage (STScI/AURA)-ESA/Hubble Collaboration und W. Keel (University of Alabama); 35: NASA/JPL/University of Arizona; 37: ESA/Hubble & NASA; 39: NASA/JPL/Space Science Institute; 41: NASA, ESA und das Hubble SM4 ERO Team; 43: ESO/S. Brunier; 45: Röntgen: NASA/CXC/SAO/J. DePasquale, IR: NASA/JPL-Caltech, optisch: NASA/STScI; 46–47: NASA, ESA und das Hubble Heritage Team (STScI/AURA); 48 (von links nach rechts): NASA/JPL-Caltech/Space Science Institute; NASA/JPL/Space Science Institute; NASA, ESA und die Hubble-Heritage-Team(STScI/AURA)-ESA/Hubble-Gruppe; NASA, ESA und M. Livio (STScI); 51: NASA/Johns Hopkins University Applied Physics Laboratory/Carnegie Institution of Washington; 53: NASA/JPL/USGS; 55: NASA, ESA und J. Hester (ASU); 57: NASA/JPL-Caltech/Space Science Institute; 59: NASA/JPL-Caltech/UA; 60–61: NASA/JPL-Caltech/Space Science Institute; 63: NASA/JPL; 65: NASA, ESA, N. Smith (University of California, Berkeley) und das Hubble Heritage Team (STScI/AURA); 67: NASA, ESA und die Hubble Heritage (STScI/AURA)-ESA/Hubble Collaboration – R. Chandar (University of Toledo) und J. Miller (University of Michigan); 69: ESA ©2009 MPS for OSIRIS Team MPS/UPD/LAM/IAA/RSSD/INTA/UPM/DASP/IDA; 71: NASA/JPL-Caltech/UA; 73: NASA, ESA und die Hubble Heritage (STScI/AURA)-ESA/Hubble Collaboration – J. Maíz Apellániz (Institute of Astrophysics of Andalucía, Spain); 75: NASA/JPL/USGS; 76–77: NASA, JPL; Digitale Verarbeitung: Björn Jónsson (IAAA); 79: NASA, ESA, und M. Livio (STScI); 81: NASA/JPL/Space Science Institute; 82 (von links nach rechts): NASA/JPL/USGS; R. Richins, enchantedskies.net; NASA/JPL-Caltech/Univ. of Arizona; N.A.Sharp, NOAO/NSO/Kitt Peak FTS/AURA/NSF; 85: NASA/JPL/Space Science Institute; 87: NASA/JPL-Caltech/Univ. of Arizona; 88–89: T. A. Rector/University of Alaska Anchorage und WIYN/NOAO/AURA/NSF; 91: NASA/JPL/USGS; 93: JERRY SCHAD/SCIENCE PHOTO LIBRARY; 95: N. A. Sharp, NOAO/NSO/Kitt Peak FTS/AURA/NSF; 97: NASA, ESA, M. Robberto (Space Telescope Science Institute/ESA) und das Hubble Space Telescope Orion Treasury Project Team; 99: NASA, ESA, S. Beckwith (STScI) und das Hubble Heritage Team (STScI/AURA); 101: ESO/J. Emerson/Vista – Cambridge Astronomical Survey Unit; 102–103: ESO/T. Preibisch; 105: ESO/IDA/Danish 1.5 m/R. Gendler und J.-E. Ovaldsen; 107: NASA/JPL/Space Science Institute; 109: NASA, ESA und das Hubble Heritage Team (STScI/AURA); 111: NASA, ESA und die Hubble Heritage (STScI/AURA)-ESA/Hubble Collaboration – R. O'Connell (University of Virginia) und das WFC3 Scientific Oversight Committee; 112–113: R. Richins, enchantedskies.net; 114 (von links nach rechts): ESO/WFI; MPIfR/ESO/APEX/A.Weiss et al.; NASA/CXC/CfA/R.Kraft et al.; T.A. Rector/University of Alaska Anchorage, H. Schweiker/WIYN und NOAO/AURA/NSF; NASA/JPL/Space Science Institute; ESO; 117: NASA, ESA, C.R. O'Dell (Vanderbilt University) und M. Meixner, P. McCullough sowie G. Bacon (Space Telescope Science Institute); 119: T. A. Rector/University of Alaska Anchorage, H. Schweiker/WIYN und NOAO/AURA/NSF; 121: ESO/J. Emerson/Vista – Cambridge Astronomical Survey Unit.; 123: NASA, ESA; 125: NASA/JPL-Caltech/ASU; 127: NASA, ESA und A. Nota (STScI/ESA); 129: ESO; 130–131: NASA, ESA, SSC, CXC und STScI; 133: ESO; 135: NASA, ESA, HEIC und das Hubble Heritage Team (STScI/AURA); 137: T. A. Rector (NRAO/AUI/NSF und NOAO/AURA/NSF) sowie B. A. Wolpa (NOAO/AURA/NSF); 139: ESO/WFI (optisch), MPIfR/ESO/APEX/A. Weiss u. a. (Submillimeter), NASA/CXC/CfA/R. Kraft u. a. (Röntgen); 141: NASA/JPL/Space Science Institute; 143: NASA/JPL-Caltech/Harvard-Smithsonian CfA; 145: NASA, ESA und das Hubble Heritage Team (STScI/AURA); 147: ESO; 148–149: NASA/JPL/Space Science Institute; 150 (von links nach rechts): NASA/JPL-Caltech/ASU; ESA/DLR/FU Berlin (G. Neukum); NASA, ESA und das Hubble-SM4-ERO-Team; SDO/AIA; 153: NASA/JPL/USGS; 155: Bill Livingston/NSO/AURA/NSF; 157: NASA, ESA und das Hubble SM4 ERO Team; 159: NASA/JPL/USGS; 161: NASA/JPL/DLR; 162–163: ESA/DLR/FU Berlin (G. Neukum); 165: SDO/AIA; 167: NASA/JPL/ASI/ESA/Univ. of Rome/MOLA Science Team/USGS; 169: NASA/JPL/Space Science Institute; 171: ESA/DLR/FU Berlin (G. Neukum); 173: Royal Swedish Academy of Sciences (Beobachtungen: Göran Scharmer und Kai Langhans, ISP, Bildverarbeitung: Mats Löfdahl, ISP); 175: NASA/JPL-Caltech/ASU; 177: ESA/NASA/JPL/University of Arizona; 179: NASA/JPL/Space Science Institute; 181: NASA, ESA und das Hubble SM4 ERO Team; 182 (von links nach rechts): ESO/APEX/T. Preibisch et al.; N. Smith, University of Minnesota/NOAO/AURA/NSF; NASA, ESA, J. Hester und A. Loll (Arizona State University); NASA SDO/AIA; NASA, ESA, Jesús Maíz Apellániz (Instituto de Astrofísica de Andalucía, Spanien) und Davide De Martin (ESA/Hubble); 185: ESO; 187: SSRO/PROMPT/CTIO; 189: NASA/JPL/Space Science Institute; 191: ESO/J. Emerson/Vista – Cambridge Astronomical Survey Unit; 193: NASA, ESA, und M. Livio sowie das Hubble 20th Anniversary Team (STScI); 195: ESA/NASA/JPL-Caltech/N. Billot (IRAM); 197: ESO/APEX/T. Preibisch u. a. (Submillimeter), N. Smith, University of Minnesota/NOAO/AURA/NSF (optisch); 198–199: Alma (ESO/NAOJ/NRAO), optisch: NASA/ESA Hubble Space Telescope; 201: JAXA/NASA/Lockheed Martin ; 203: NASA SDO/AIA; 205: NASA, ESA, J. Hester und A. Loll (Arizona State University); 207: NASA, ESA und die Hubble Heritage (STScI/AURA)-ESA/Hubble Collaboration – Davide De Martin und Robert Gendler; 209: ESO; 211: NASA, ESA und K. Cook (Lawrence Livermore National Laboratory, USA); 213: NASA, ESA und Jesús Maíz Apellániz (Instituto de Astrofísica de Andalucía, Spanien) – Davide De Martin (ESA/Hubble); 214–215: ESO.

IMPRESSUM

Aus dem Englischen übersetzt von Hermann-Michael Hahn.
Titel der Originalausgabe:
Cosmic Gallery, erschienen bei Quercus Editions Ltd. unter der ISBN 978-1-78087-811-9.

Bildnachweis Seite 223

Umschlaggestaltung von eStudio Calamar unter Verwendung einer Aufnahme des Solar Dynamics Observatory auf der Titelseite und vier Aufnahmen auf der Rückseite (von links nach rechts): Hubble-Teleskop, Raumsonde MarsExpress, Hubble-Teleskop und dem Vista-Teleskop der ESO. Das Foto auf der Titelseite zeigt einen Sonnenflare, die Aufnahmen auf der Rückseite von links nach rechts den Katzenaugen-Nebel, den Marsvulkan Tharsis Tholus, den Krabben-Nebel und den Pferdekopf-Nebel. Die Fotos im Einleitungsteil zeigen den Ringplaneten Saturn (Seite 2), den Katzenaugen-Nebel (Seite 4), den Kometen Lulin (Seiten 6–7), die Sombrero-Galaxie (Seiten 8–9) und den Carina-Nebel (Seiten 10–11).

Mit 108 Farbfotos.

MIX
Paper from responsible sources
FSC® C008047
www.fsc.org

Gedruckt auf chlorfrei gebleichtem Papier

Für die deutschsprachige Ausgabe:

ISBN 978-3-440-13608-9
Projektleitung: Sven Melchert
Redaktion: Justina Engelmann
Produktion: Ralf Paucke
Printed in China / Imprimé en Chine